高等院校艺术设计类专业系列教材

CorelDRAW 2022

平面设计应用案例教程

（全视频微课版）

曹天佑　陆沁　时延辉　编著

U0368414

清华大学出版社

北京

内容简介

本书根据用户使用CorelDRAW的习惯，由简到繁精心设计了50个案例，循序渐进地讲解了使用CorelDRAW设计和制作专业平面作品所需的知识。全书共分12章，包括CorelDRAW 2022软件基础、图形的基本绘制、图形对象的编辑与艺术处理、文字的编辑与应用、特殊图形效果制作、海报设计、插画设计、企业形象设计、广告设计、书籍装帧设计、包装设计和网页设计等内容。书中采用案例教程的编写形式，在具体应用中体现软件的功能与特点。

本书提供所有案例的素材文件、源文件、教学视频，以及PPT教学课件、教案和教学大纲等立体化教学资源，并附赠40集配色设计教学课程，获取方式见前言。

本书可作为高等院校平面设计、视觉传达设计、插画设计、产品设计、服装与服饰设计等专业的教材，也可作为专业设计人员和广大设计爱好者的参考书。

图书在版编目(CIP)数据

CorelDRAW 2022平面设计应用案例教程：全视频微课版 / 曹天佑，陆沁，时延辉编著. —北京：清华大学出版社，2023.8

高等院校艺术设计类专业系列教材

ISBN 978-7-302-64227-5

Ⅰ. ①C⋯　Ⅱ. ①曹⋯ ②陆⋯ ③时⋯　Ⅲ. ①平面设计—图形软件—高等学校—教材　Ⅳ. ①TP391.412

中国国家版本馆CIP数据核字(2023)第136001号

责任编辑：李　磊
封面设计：杨　曦
版式设计：思创景点
责任校对：成凤进
责任印制：宋　林

出版发行：清华大学出版社
　　　　网　　　址：https://www.tup.com.cn，https://www.wqxuetang.com
　　　　地　　　址：北京清华大学学研大厦A座　　　　　　　　邮　　编：100084
　　　　社　总　机：010-83470000　　　　　　　　　　　　　　邮　　购：010-62786544
　　　　投稿与读者服务：010-62776969，c-service@tup.tsinghua.edu.cn
　　　　质　量　反　馈：010-62772015，zhiliang@tup.tsinghua.edu.cn
印　装　者：三河市君旺印务有限公司
经　　销：全国新华书店
开　　本：185mm×260mm　　　　印　　张：13　　　　字　　数：349千字
版　　次：2023年10月第1版　　　印　　次：2023年10月第1次印刷
定　　价：69.80元

产品编号：096856-01

随着计算机成为当今人们工作和生活中不可或缺的工具，平面设计也从之前的手稿设计发展为计算机辅助设计，通过使用计算机中的平面设计软件，不但节省了设计时间，而且从根本上解决了设计人员对手绘不熟悉的问题。在所有平面设计软件中，CorelDRAW是一款功能强大的矢量图形设计软件，在设计界被广泛应用。

市面上的大多数CorelDRAW书籍都会出现理论知识讲解与实践操作不能完全融合的尴尬局面。本书为避免这种局面进行了独特设计，全书按照案例的方式将理论进行合理穿插，使读者更容易了解软件功能在设计中的运用。希望本书能够帮助读者解决学习中的难题，提高技术水平，快速成为平面设计高手。

本书特点

党的二十大报告为我国坚定推进教育高质量发展指出了明确的方向。在此背景下，本书编写组以"加快推进教育现代化，建设教育强国，办好人民满意的教育"为目标，以"强化现代化建设人才支撑"为动力，以"为实现中华民族伟大复兴贡献教育力量"为指引，进行了满足新时代新需求的创新性编写尝试。

本书内容由浅入深，以案例展开对软件功能的讲解，帮助读者尽快掌握软件的操作方法。本书具有如下特点。

- **内容全面**。本书涵盖CorelDRAW 2022的全部知识点，在设计中使用的各种方法和技巧都有相应的案例作为引导。
- **循序渐进**。本书由高校老师及一线设计师共同编写，从图形设计的一般流程入手，逐步引导读者学习软件操作和平面设计的各种技法。
- **通俗易懂**。本书以简洁、精练的语言讲解每一个案例和每一项软件功能，讲解清晰，前后呼应，让读者阅读更加容易，学习更加轻松。
- **案例丰富**。书中的每个案例都融入了作者多年的实践经验，每项功能都经过了技术认证，技巧全面实用，技术含量高。
- **理论与实践结合**。书中案例都围绕软件的某个重要知识点展开，与实践紧密结合，使读者更容易理解，方便掌握知识点，进而能够举一反三。

本书内容

本书采用案例教程的编写形式，兼具技术手册和应用技巧参考手册的特点，在具体应用中体现软件的功能和知识点。书中根据CorelDRAW的特点及用户的使用习惯，由简到繁精心设计了50

个案例，循序渐进地讲解使用CorelDRAW设计和制作专业平面作品所需的知识。本书内容包括CorelDRAW 2022软件基础、图形的基本绘制、图形对象的编辑与艺术处理、文字的编辑与应用、特殊图形效果制作、海报设计、插画设计、企业形象设计、广告设计、书籍装帧设计、包装设计和网页设计等。

本书提供所有案例的素材文件、源文件、教学视频，以及PPT教学课件、教案和教学大纲等立体化教学资源，并附赠40集配色设计教学课程。读者可直接扫描书中的二维码，观看教学视频；也可扫描右侧的二维码，将文件推送到自己的邮箱后下载获取。下载完成后，系统会自动生成多个文件夹，配套资源被分别保存在其中，将所有文件夹里的资源复制出来即可。

教学资源

读者对象

本书主要面向初、中级读者，是非常实用的入门与提高教程。书中对于软件的讲解，从必备的基础操作开始，以前没有接触过CorelDRAW的读者无须参照其他书籍即可轻松入门；使用过CorelDRAW的读者同样可以从中快速了解该软件的各种功能和知识点。

本书可作为高等院校平面设计、视觉传达设计、插画设计、产品设计、服装与服饰设计等专业的教材，也可作为专业设计人员和广大设计爱好者的参考书。

本书作者

本书由曹天佑、陆沁和时延辉编著。本书作者具有多年丰富的教学经验和实际设计经验，在编写本书时融入自己实际授课和作品设计过程中积累下来的宝贵经验与技巧，希望读者能够在体会CorelDRAW强大功能的同时，将创意和设计理念通过软件操作反映到图形设计制作的视觉效果中。

由于编者水平所限，书中难免有疏漏和不足之处，敬请广大读者批评指正，提出宝贵的意见和建议。

编　者

目录

第1章

CorelDRAW 2022软件基础

本章主要讲解CorelDRAW 2022中文件的新建、打开、保存和关闭，以及导入素材、页面设置、查看方式、显示方式等操作，使读者对CorelDRAW的工作窗口和操作中的一些基础知识有初步的了解，以方便读者对后续内容的学习。

案例1 新建文档

教学视频

本案例的目的是让读者了解在CorelDRAW 2022中新建文档的方法和过程。

案例 重点

- 启动CorelDRAW 2022
- CorelDRAW 2022窗口
- 从菜单新建文档
- 从模板新建文档

案例 步骤

从对话框新建文档

01 → 单击桌面左下方的"开始"按钮，在弹出菜单中将鼠标指针移动至"程序"命令上，在其右侧展开下一级菜单，再将鼠标指针移动至CorelDRAW Graphics Suite命令上，展开下一级菜单，并将鼠标指针移动至CorelDRAW命令，如图1-1所示。

提示

如果在计算机桌面上创建有CorelDRAW 2022的快捷方式，双击该图标，也可快速启动CorelDRAW 2022。

图1-1 启动菜单

02 → 在CorelDRAW命令上单击，即可启动CorelDRAW 2022，启动界面如图1-2所示。系统会弹出"欢迎屏幕"对话框，如图1-3所示。

图1-2　启动界面

03 → 将鼠标指针移动至"新文档"按钮处，当其变为🖑图形时单击，系统会弹出图1-4所示的"创建新文档"对话框。

图1-3　"欢迎屏幕"对话框

图1-4　"创建新文档"对话框

04 → 设置完毕后单击OK按钮，系统自动新建一个空白文档，此时的CorelDRAW 2022工作界面如图1-5所示。

图1-5　工作界面

图1-6 执行菜单命令

从菜单或工具栏新建文档

之前介绍了在CorelDRAW 2022的"欢迎屏幕"对话框中新建空白文档。运行CorelDRAW 2022后，要新建空白文档，可通过执行菜单中的"文件">"新建"命令，如图1-6所示，或单击标准工具栏中的 📄(新建)按钮完成，如图1-7所示。

技巧

除了通过执行菜单中的"文件">"新建"命令和单击标准工具栏中的 📄(新建)按钮，可以新建空白文档外，还可以按快捷键Ctrl+N，快速新建一个空白文档。

图1-7 标准工具栏

从模板新建文档

01 执行菜单中的"文件">"从模板新建"命令，打开"从模板新建"对话框，如图1-8所示。

图1-8 "从模板新建"对话框

02 在"从模板新建"对话框中，在"选择内容来源"下拉列表中选择"新手包"选项，在模板列表中选择其中的一个模板，如图1-9所示。

提示

打开CorelDRAW 2022"欢迎屏幕"对话框时，可以在其中直接单击"从模板新建"按钮新建模板文档。

图1-9 选择模板

03 ➡ 单击"打开"按钮，用该模板新建一个文档，如图1-10所示。

图1-10 新建的模板文档

案例2 打开文件

教学视频

以打开"十二生肖-兔"文件为例，讲解执行菜单中的"文件" > "打开"命令或单击标准工具栏中的 (打开)按钮打开"十二生肖-兔"文件。

案例 重点

- 打开"打开绘图"对话框
- 打开"十二生肖-兔"文件

案例 步骤

01 ➡ 启动CorelDRAW 2022。

02 ➡ 执行菜单中的"文件" > "打开"命令，或将鼠标指针移动至标准工具栏中的 (打开)按钮上单击，在打开的"打开绘图"对话框中，选择"十二生肖-兔"文件，如图1-11所示。

技巧

按快捷键Ctrl+O，可以直接打开"打开绘图"对话框，以便快速打开文件，或在文件名称上双击即可打开该文件。

03 → 单击"打开"按钮，打开"十二生肖-兔"文件，如图1-12所示。

图1-11　"打开绘图"对话框

图1-12　打开"十二生肖-兔"文件

案例3 导入素材

教学视频

在使用CorelDRAW绘图时，有时需要从外部导入非CorelDRAW制作的文件。下面通过案例讲解导入非CorelDRAW制作的外部素材的方法。

案例 重点

- 打开"导入"对话框
- 单击"导入"按钮
- 直接拖动图片导入

案例 步骤

01 → 执行菜单中的"文件">"新建"命令，新建一个空白文档。

02 → 执行菜单中的"文件">"导入"命令，或将鼠标指针移动至标准工具栏中的 📥(导入)按钮上单击，打开"导入"对话框，如图1-13所示。

图1-13 打开"导入"对话框

03 → 在"导入"对话框的文件列表中，选择附赠资源中的"素材\第1章\滑板"素材，如图1-14所示。

图1-14 选择要导入的图片

提示

将鼠标指针移动至"滑板"素材上，稍后会在鼠标指针的下方显示该文件的尺寸、类型和大小等信息。

04 → 单击"导入"按钮，鼠标指针变为如图1-15所示的状态。

滑板.jpeg
w: 108.373 mm, h: 72.136 mm
单击并拖动以便重新设置尺寸。
按 Enter 键可以居中。
按空格键以使用原始位置。
图1-15　鼠标指针的状态

技巧

在CorelDRAW中导入图片的方法有3种，即通过单击、拖动或按键盘上的Enter键导入图片。对导入的位图只需按住Alt键再拖动鼠标即可改变其比例。

下面以拖动的方法为例导入图片。

01 → 将鼠标指针移动至合适的位置，按住鼠标左键拖动，显示一个红色矩形框，在鼠标指针的右下方显示导入图片的宽度和高度，如图1-16所示。

02 → 将鼠标指针拖动至合适位置后松开鼠标左键，即可导入该图片，如图1-17所示。

滑板.jpeg
w: 109.052 mm, h: 72.588 mm

图1-16　拖动导入图片

图1-17　导入的图片

案例4　查看方式

教学视频

在绘制图形时，为了方便调整图形的整体和局部效果，可以按需要缩放和调整视图的显示模式。

案例 **重点**

- 使用标准工具栏中的"缩放级别"放大视图
- 在标准工具栏的"缩放级别"中输入数值，缩小视图
- 使用标准工具栏中的"缩放级别" > "到页面"显示
- 使用标准工具栏中的"缩放级别" > "到页宽"显示
- 使用标准工具栏中的"缩放级别" > "到页高"显示
- 使用缩放工具单击放大图片
- 使用缩放工具局部放大图片
- 缩放到全部对象
- 缩放到页面大小

案例 步骤

使用标准工具栏中的"缩放级别"

01 → 新建一个空白文档。

02 → 执行菜单中的"文件">"打开"命令，在打开的"打开绘图"对话框中，选择并打开附赠资源中的"素材\第1章\飞机"素材，如图1-18所示。

图1-18 打开素材

03 → 在标准工具栏中，单击"缩放级别"右侧的 按钮，在弹出的下拉列表中选择"100%"选项。

04 → 按键盘上的Enter键，图形在页面中将以100%显示，如图1-19所示。

05 → 在标准工具栏的"缩放级别"下拉列表中分别选择"到页面""到页宽"和"到页高"选项，分别会以最适合页面、页宽、页高进行显示，如图1-20所示。

图1-19 以100%显示图形

技巧

在标准工具栏的"缩放级别"下拉列表中选择"到页面"选项，还可以通过按快捷键 Shift+F4快速执行此操作。

按页面显示状态

按页宽显示状态

按页高显示状态

图1-20　不同选项的显示状态

06 → 若要缩小至30%显示，可在"缩放级别"数值框中直接输入30，再按键盘上的Enter键即可，如图1-21所示。

使用缩放工具

01 → 将鼠标指针移动至工具箱中的 (缩放工具)按钮上单击，使该工具处于选中状态，此时鼠标指针变为 形状，将鼠标指针移动至需放大的图形上单击，该图形将以鼠标单击的位置为中心放大至120%，如图1-22所示。

图1-21　缩小至30%的显示状态

02 → 将鼠标指针移动至飞机图形的合适位置后，按住鼠标左键拖动绘制一个矩形框，松开鼠标左键，被框选的区域将会放大显示，可以看到飞机放大部分的纹理，效果如图1-23所示。

图1-22　放大操作的显示状态

如果想恢复至上一步的显示状态，只需右击页面即可。

按快捷键Alt+Backspace后，使用工具箱中的任何工具，都会暂时切换为手形工具，调整图形在窗口中的显示位置后，可再次显示当前使用的工具。

图1-23　局部放大

03 → 在属性栏中单击 （缩放全部对象）按钮，显示状态如图1-24所示。

图1-24　缩放全部对象的显示状态

04 → 在属性栏中单击 (显示页面)按钮，将以合适的缩放比例显示整个图形页面，如图1-25所示。

图1-25 显示页面状态

技巧

在工作区或绘图区按住Shift键，鼠标指针由⊕形状变为⊖形状后单击，可以整体缩小视图的显示比例。

案例5 页面设置

教学视频

在绘图之前，需要先设置好页面的大小和纸张的方向。本案例主要讲解CorelDRAW页面的基本设置。

案例 重点

- 设置横向页面
- 设置A5大小的纸张页面
- 自定义页面
- 设置页面的背景色

案例 步骤

01 → 新建一个空白文档。

02 → 在属性栏中显示当前页面的信息，如图1-26所示。

图1-26　属性栏

设置横向页面

单击属性栏中的 ▭(横向)按钮，此时"页面宽度和高度"数值框中的值会互换，将页面设置为横向，如图1-27所示。

设置A5大小的纸张页面

在属性栏中的"页面大小"下拉列表中选择A5选项后，页面将自动改为纵向的A5纸，如图1-28所示。

图1-27　横向页面

自定义页面

01 → 执行菜单中的"布局">"页面大小"命令，打开"选项"对话框，在"宽度"后面的单位下拉列表中选择"毫米"选项。

02 → 在"宽度"数值框中输入180，在"高度"数值框中输入80，按键盘上的Tab键，可通过预览框预览设置后的页面大小和方向，如图1-29所示。

图1-28　A5页面

图1-29　自定义页面

技巧

在"选项"对话框中，按键盘上的Tab键，可以在对话框中的选项和数值框中进行快速选择与设置。

03 → 单击OK按钮，完成页面的设置。

设置页面的背景色

01 → 执行菜单中的"布局">"页面背景"命令，打开"选项"对话框，选中"纯色"单选按钮，再在其后的颜色下拉面板中选择黄色色块，如图1-30所示。

图1-30　设置页面的背景色

02 → 单击OK按钮，完成页面背景色的设置，此时页面背景色为黄色，效果如图1-31所示。

图1-31　黄色背景页面

案例6　不同模式的显示方式

教学视频

　　CorelDRAW支持多种显示模式，如线框、正常、增强和像素模式。读者合理运用
CorelDRAW支持的显示模式，可释放计算机的资源，提高CorelDRAW的运行速度。

案例　重点

- 熟悉线框模式的显示状态
- 熟悉正常模式的显示状态
- 熟悉增强模式的显示状态
- 熟悉像素模式的显示状态

案例　步骤

01 → 打开附赠资源中的"素材\第1章\插画"素材，如图1-32所示。

02 → 执行菜单中的"查看">"线框"命令，如图1-33所示。此时只显示对象的轮廓，其均匀填充和渐变填充等效果都会被隐藏，可更方便、快捷地选择和编辑图形对象，效果如图1-34所示。

图1-32　打开素材

图1-33　"线框"命令

03 → 执行菜单中的"查看">"正常"命令，以正常显示模式显示对象，效果如图1-35所示。

图1-34　线框显示效果

图1-35　正常显示效果

提示

在正常模式下，通过"PostScript填充"进行填充的对象，将不能显示其填充效果。在此显示状态下，对象的边缘不光滑。增强模式最耗费计算机资源，因此在图形对象较多时，可使用其他的显示模式，以释放计算机资源，提高CorelDRAW的运行速度。

04 → 执行菜单中的"查看">"增强"命令，系统将采用2倍超精度取样的方法来达到最佳的显示效果，即系统默认的显示状态，效果如图1-36所示。

05 → 执行菜单中的"查看">"像素"命令，系统会将矢量图以输出后的位图形式进行预览，如图1-37所示。

提示

通过"PostScript填充"进行填充的图形对象，在像素模式下将不能显示其填充效果。越放大，对象的边缘越不光滑。

图1-36　增强显示效果

图1-37　像素显示效果

案例7　保存与关闭文件

教学视频

本案例学习在CorelDRAW中保存和关闭文件的操作。

案例　重点

- 打开"保存绘图"对话框
- 选择保存路径和文件夹
- 输入文件名
- 保存文件
- 关闭文件

案例　步骤

保存文件

01 → 完成之前的操作。

02 → 执行菜单中的"文件">"保存"命令，或单击标准工具栏中的 **日**(保存)按钮，打开"保存绘图"对话框，如图1-38所示。

图1-38　打开"保存绘图"对话框

技巧

按快捷键Ctrl+S，也可以打开"保存绘图"对话框，快速保存文件。

03 → 在"保存绘图"对话框中的路径和文件夹右侧的下拉列表中选择要保存的文件位置，在"文件名"文本框中输入要保存的文件名，如图1-39所示。

提示

在"保存类型"下拉列表中选择CDR-CorelDRAW格式，其为CorelDRAW的标准格式，以便于在下次打开该图形时对其进行修改。

图1-39 "保存绘图"对话框

04 → 单击"保存"按钮，即可对文件进行保存。

提示

对已经保存的文件再进行修改后，可直接执行菜单中的"文件">"保存"命令，或单击标准工具栏中的🖫(保存)按钮进行保存。此时，不再弹出"保存绘图"对话框。也可将文件换名保存，方法是执行菜单中的"文件">"另存为"命令，或按快捷键Ctrl+Shift+S，在打开的"保存绘图"对话框中，重复之前的操作，在"文件名"文本框中重新更换一个新的文件名，再进行保存即可。

关闭文件

01 → 执行菜单中的"文件">"关闭"命令，或单击标题栏右侧的×按钮，如图1-40所示。

图1-40 关闭文件

02 → 此时，如果文件没有任何改动，可直接关闭文件。如果对该文件进行了修改，将弹出图1-41所示的提示对话框。

图1-41 CorelDRAW提示对话框

提 示

单击"是"按钮，保存文件的修改，并关闭文件；单击"否"按钮，将关闭文件，不保存文件的修改；单击"取消"按钮，取消文件的关闭操作。

本章练习

练 习

1. 新建空白文档。

2. 将页面变为横向。

3. 导入"素材\第1章\创意图案"素材。

习 题

1. 在向CorelDRAW中导入位图时，放置在页面中的位图都保持其原有的比例，如果需要在导入时改变位图的原有比例，则应该在单击导入位置光标时按下面哪个键？（　　）

　　A. Alt键　　　　　　B. Ctrl键　　　　　　C. Shift键　　　　　　D. Tab键

2. 运行速度比较快，且又能显示图形效果的预览方式是以下哪一种？（　　）

　　A. 草稿　　　　　　B. 正常　　　　　　C. 线框　　　　　　D. 增强

3. 设置页面背景色时，只针对以下哪种效果？（　　）

　　A. 纸张与所有显示区域　　　　　　B. 只针对纸张

　　C. 矩形框内　　　　　　　　　　　D. 纸张以外

第2章

图形的基本绘制

本章主要讲解使用CorelDRAW的基本几何工具进行绘图的方法。在绘制过程中，使读者对CorelDRAW的基本几何工具有详细的了解，从而提升日后创作的基本功，跟随本章的案例讲解可以更加容易地掌握CorelDRAW的绘图功能。

案例8　矩形与椭圆形工具：囧形娃娃

本案例的目的是让读者了解在CorelDRAW中矩形与椭圆形工具的使用方法，并结合填充工具制作组合图形。图2-1为图形制作流程图。

教学视频

图2-1　制作流程图

案例　重点

- 使用矩形工具
- 使用椭圆形工具
- 简单填充的方法

案例　步骤

01 → 执行菜单中的"文件">"新建"命令，新建一个"宽度"为18mm、"高度"为10mm的空白文档。使用▢(矩形工具)在文档中绘制矩形，设置属性栏中的"轮廓宽度"为0.25mm，如图2-2所示。

图2-2　绘制矩形

提示

在CorelDRAW中绘制矩形的方法是，选择□(矩形工具)后，在文档中选择起点，按住鼠标左键向对角方向拖动，松开鼠标即可绘制矩形，如图2-3所示。其他绘图工具的使用方法与该工具类似。

图2-3 矩形绘制过程

02 → 在属性栏中设置4个圆角值均为0.4mm，如图2-4所示。

03 → 完成圆角矩形绘制后，将鼠标指针移动至"颜色"泊坞窗中，单击青色色块、右击绿色色块，为圆角矩形填充青色、为轮廓填充绿色，如图2-5所示。

图2-4 设置圆角　　图2-5 填充色和轮廓色

提示

在CorelDRAW中，可直接在"颜色"泊坞窗中单击颜色图标为图形快速填充颜色，右击可以快速填充轮廓色。系统默认绘制的轮廓色为黑色。

04 → 在圆角矩形中继续绘制3个矩形，作为囧形娃娃的嘴和门牙，如图2-6所示。

05 → 在工具箱中选择○(椭圆形工具)，在文档中先绘制一个"轮廓宽度"为细线的椭圆，如图2-7所示。在椭圆上再绘制一个小正圆，填充为黑色，如图2-8所示。

图2-6 绘制矩形　　　图2-7 绘制椭圆　　　图2-8 绘制正圆

技巧

绘制正圆的方法是按住Ctrl键进行绘制。

06 → 使用▶(选择工具)框选椭圆和正圆，单击框选对象，调出变换框将图形进行旋转，如图2-9所示。

图2-9 旋转图形

07 → 使用▶(选择工具)将两个对象移动至圆角矩形中，如图2-10所示。

08 → 使用 ▶ (选择工具)选择两个对象，按住鼠标左键在向右拖动的同时右击，复制一个对象副本，如图2-11所示。

09 → 在属性栏中单击 ◨ (水平镜像)按钮，将副本镜像，如图2-12所示。

图2-10　移动对象

图2-11　复制对象

图2-12　水平镜像对象

10 → 使用同样的方法绘制另外几个圆形娃娃，再将图形放大。至此本例制作完毕，最终效果如图2-13所示。

图2-13　最终效果

案例9　多边形工具：三角家族成员形象

本案例的目的是让读者了解在CorelDRAW中使用多边形工具、手绘工具和形状工具相结合的方法绘制卡通图形。图2-14为图形制作流程图。

教学视频

图2-14　制作流程图

案例 重点

- 使用多边形工具
- 使用形状工具
- 使用手绘工具

案例 步骤

01 → 执行菜单中的"文件" > "新建"命令，新建一个"宽度"为100mm、"高度"为

120mm的空白文档。使用◎(多边形工具)在文档中绘制六边形，如图2-15所示。

图2-15 绘制多边形

技 巧

使用▶(选择工具)选择绘制的多边形后，在属性栏中改变边数，按Enter键即可更改多边形的边数。

02 ➤ 完成六边形绘制后，执行菜单中的"对象">"转换为曲线"命令或按快捷键Ctrl+Q，将六边形转换为曲线图形。使用⬚(形状工具)在节点上双击，先将节点清除，再单击属性栏中的⬚(转换直线为曲线)按钮，在直线上拖动将直线拉成有弧度的曲线，如图2-17所示。

图2-17 转换为曲线图形

03 ➤ 将鼠标指针移动至"颜色"泊坞窗中，单击绿色色块，为图形填充绿色，效果如图2-18所示。

04 ➤ 使用⬚(手绘工具)在圆角三角形顶点单击，将鼠标指针移动至右下角单击，此时系统会自动绘制一条直线，使用⬚(形状工具)将直线调整为曲线，如图2-19所示。

图2-18 填充颜色

图2-19 绘制直线并调整为曲线

05 → 调整曲线完毕后，使用 🖌(智能填充工具)设置填充色为(C:60 M:0 Y:60 K:20)，在该区域图形上单击为其填充颜色，效果如图2-20所示。

06 → 使用 ◯(椭圆形工具)和 🖍(手绘工具)在三角形上绘制眼睛、鼻子和嘴巴，并为其填充相应的颜色，如图2-21所示。

07 → 使用 🖰(选择工具)将绘制的所有图形进行框选，单击后将选择框变为斜切框，拖动控制点将图形进行斜切处理，效果如图2-22所示。

图2-20 填充颜色

图2-21 绘制眼睛、鼻子和嘴巴

图2-22 斜切效果

08 → 使用 🖋(艺术笔工具)中的 🖾(预设)选项，将"宽度"设置为2.0mm，选择笔触，在眼睛上拖动绘制眉毛，如图2-23所示。

09 → 使用同样的方法绘制右眼的眉毛，将"宽度"设置得尽量宽一些，在头顶处拖动绘制头发，效果如图2-24所示。

图2-23 绘制眉毛

图2-24 绘制眉毛和头发

10 → 继续绘制手臂、手、腿和脚，使用的工具为 🖍(手绘工具)和 🖰(形状工具)，绘制过程如图2-25所示。

图2-25 绘制手脚

11 → 最终完成三角家族成员形象绘制，如图2-26所示。

知识 拓展

图2-26 最终效果

CorelDRAW中编辑曲线的利器——形状工具

在使用CorelDRAW绘制图形时，不可能不加以修改就一次性地将图形绘制完成，在绘制的过程中需要进行反复编辑与修改，才能将图形绘制得完美、漂亮，这就需要用到 (形状工具)。绘制一条曲线后，选择 (形状工具)，此时属性栏会变成该工具对应的属性选项，如图2-27所示。

图2-27 形状工具属性栏

● 增加节点：在编辑对象时，有时会遇到节点数量不够而得不到想要的形状的问题，这时就需要增加节点来改变对象的形状，方法是先使用 (手绘工具)绘制一条曲线，再使用 (形状工具)在曲线上双击，即可为其添加一个节点，如图2-28所示。

图2-28 添加节点

提示

添加节点的另外一个方法是，选中两个或两个以上的节点，然后单击属性栏中的 (添加节点)按钮，也可以为线条增加节点。

● 选择节点：要对节点进行操作，首先要选中节点，才能进行以后的操作，在节点上单击可以将当前节点选中，在多个节点处进行框选可以同时选择多个节点；单击属性栏中的 (选择全部节点)按钮，可选择曲线上的所有节点，如图2-29所示。

选择单个节点

选择多个节点

选择全部节点

图2-29 选择节点

● 删除节点：在一条曲线中，有时会因为节点太多而影响其平滑度，这时就需要删除一些多余的节点，在选中的单个节点上双击可以将其删除；选择一个或多个节点后单击属性栏中的 (删除节点)按钮，即可将选中的节点全部删除。

技 巧

选择一个或多个节点后，按键盘上的Delete键可以将所选择的节点删除。

● 连接两个节点：连接两个节点可以使开放的曲线变成一个封闭的图形，绘制一条未封闭的路径，通过框选的方法选中起始和结束的节点，然后单击属性栏中的 █(连接两个节点)按钮，此时可将一条开放的曲线变为封闭的曲线，如图2-30所示。

图2-30　连接节点

● 断开曲线：断开曲线是将一条曲线分割为两条或两条以上的曲线。绘制一条曲线后，使用 █(形状工具)选中一个节点，然后单击属性栏中的 █(断开曲线)按钮，将曲线进行断开，断开后可使用 █(形状工具)将两个节点分开，形成两条曲线，如图2-31所示。

图2-31　断开曲线

● 转换曲线为直线：转换曲线为直线是将曲线线段转换为直线线段，在对图形的编辑中经常会用到此功能，但是该功能不能应用于起始节点。绘制曲线后，单击属性栏中的 █(转换为直线)按钮，可以将选中的节点处的曲线转换为直线，如图2-32所示。

图2-32　转换曲线为直线

● 转换直线为曲线：转换直线为曲线和转换曲线为直线是两个互补的功能。在绘制直线后，使用 █(形状工具)选中一个节点，单击属性栏中的 █(转换为曲线)按钮，此时节点靠近起始方向的线段具有曲线属性，调整两个节点间的直线就可以将其转换为曲线，如图2-33所示。

图2-33　转换直线为曲线

- 尖突节点：在编辑曲线时，有时在拖动节点上的一个控制柄时，另一个控制柄也会随着一起动，这时可以使用 (尖突节点)按钮来解决这一问题。绘制一条曲线，使用 (形状工具)选中一个节点，单击属性栏中的 (尖突节点)按钮，此时节点两边的控制柄互不干扰，拖动其中一边的控制柄，另一边的控制柄不会受到影响。

- 平滑节点："平滑节点"和"尖突节点"是两个作用相反的功能，经常被结合在一起使用。

- 生成对称节点：此功能和"平滑节点"相似，唯一不同的是使用该功能后生成对称的节点，节点两侧的距离始终相等。

- 反转曲线方向：此功能可以将绘制的曲线方向进行反转，即起点变终点、终点变起点，如图2-34所示。

图2-34 反转曲线方向

- 延长曲线使之闭合：此功能只对曲线的起点和终点起作用。绘制一条曲线后，按住键盘上的Shift键，再使用 (形状工具)选中曲线的起点和终点的节点，单击属性栏中的 (延长曲线使之闭合)按钮，两个端点间便自动用一条直线进行连接，如图2-35所示。

图2-35 延长曲线使之闭合

- 提取子路径：选择带有子路径对象上的一点，单击 (提取子路径)按钮，即可将两个相结合的路径单独拆分，此时即可将其中的一个路径从图中移走，如图2-36所示。

图2-36 提取子路径

- 自动闭合曲线：此功能可将断开的曲线用直线自动连接起来，与"延长曲线使之闭合"的作用基本一致。

提示

 (自动闭合曲线)和 (延长曲线使之闭合)略为不同的地方是，"延长曲线使之闭合"选中的是两个节点，而"自动闭合曲线"只需选中一个节点即可。

- 缩放节点连线：此功能可以使绘制的曲线或形状上出现缩放变换框，拖动控制点即可对其进行缩放变换。

● 旋转或倾斜节点连线:此功能可以使绘制的曲线或形状上出现旋转变换框,拖动控制点即可对其进行旋转或斜切变换。

● 对齐节点:单击此按钮,可以将选择的曲线节点进行水平或垂直对齐。

● 水平与垂直反射节点:选择此功能后,拖动曲线控制点时,会出现对应该节点的水平或垂直反射。

● 弹性:选择此功能后进入弹性模式,移动节点时,其他被选节点将随着正在拖动的节点做不同比例的移动,使曲线随着鼠标的移动具有弹性、膨胀、收缩等特性。

案例10 椭圆形工具:青蛙头像

教学视频

本案例的目的是让读者了解在CorelDRAW中使用椭圆形工具、形状工具和交互式填充工具相结合的方法绘制卡通头像。图2-37为青蛙头像制作流程图。

图2-37　制作流程图

案例 重点

● 使用椭圆形工具
● 简单填充的方法
● 使用形状工具
● 将轮廓转换为曲线

案例 步骤

01 → 执行菜单中的"文件">"新建"命令,新建一个"宽度"为100mm、"高度"为120mm的空白文档。使用◎(椭圆形工具)在文档中绘制正圆,如图2-38所示。

02 → 选择正圆,执行菜单中的"对象">"转换为曲线"命令或按快捷键Ctrl+Q,将正圆转换为曲线,使用⬚(形状工具)拖动节点改变正圆的形状,如图2-39所示。

图2-38　绘制正圆

图2-39　转换为曲线并调整

03 → 选择调整完毕的图形，在工具箱中选择 ◊(交互式填充工具)，在属性栏中单击 ▣(编辑填充)按钮，打开"编辑填充"对话框，选择"渐变填充"，设置"类型"为"椭圆形渐变填充"，设置左侧的颜色为淡绿色，右侧的颜色为淡黄色，设置完毕后单击OK按钮完成填充，效果如图2-40所示。

图2-40　设置填充色并填充

04 → 绘制椭圆形，按快捷键Ctrl+Q将轮廓转换为曲线，使用 ⬚(形状工具)拖动节点改变形状，绘制4个图形并将其接合为一个图形，再将图形一同选中，在属性栏中单击"相交"按钮，如图2-41所示。

05 → 移走多余的图形，为相交的区域填充淡绿色，在"颜色"泊坞窗中右击 ⊠(无填充)，取消轮廓，效果如图2-42所示。

图2-41　编辑图形　　　　　　　　　　　　　图2-42　填充

技巧

对两个以上的图形进行结合是指将图形组合到一起，之后还可以拆分；而接合是将两个以上的图形变为一个整体，之后不能拆分。

06 → 使用 ◎(椭圆形工具)在文档中绘制圆形，按快捷键Ctrl+Q转换为曲线后，使用 📐(形状工具)拖动节点改变形状并填充淡黄色，再绘制正圆眼球并对其填充白色与黑色，效果如图2-43所示。

图2-43　眼睛

07 → 使用 ◎(椭圆形工具)在文档中绘制圆形，按快捷键Ctrl+Q转换为曲线后，使用 📐(形状工具)拖动节点改变形状并填充白色，制作嘴巴效果。再使用 ✏️(手绘工具)绘制牙齿，效果如图2-44所示。

图2-44　嘴巴和牙齿

08 → 使用 ◎(椭圆形工具)在文档中绘制椭圆，填充黑色，制作鼻孔，如图2-45所示。

09 → 使用 ◎(椭圆形工具)在文档中绘制椭圆，填充从淡绿色到淡黄色的椭圆形渐变，以此来制作青蛙的脚，如图2-46所示。

图2-45　鼻孔　　　　　　　　　　图2-46　脚

10 → 复制整只脚并移动至右边，单击属性栏中的 📄(水平镜像)按钮，完成本例的制作，最终效果如图2-47所示。

图2-47　最终效果

案例11　交互式填充：水晶苹果

教学视频

本案例的目的是让读者了解在CorelDRAW中使用椭圆形工具、形状工具和渐变填充相结合的方法绘制水晶苹果。图2-48为水晶苹果制作流程图。

图2-48　制作流程图

案例　重点

- 使用椭圆形工具
- 使用交互式填充工具
- 将轮廓转换为曲线
- 图形之间的造型
- 使用形状工具

案例　步骤

01 → 执行菜单中的"文件">"新建"命令，新建一个"宽度"为150mm、"高度"为100mm的空白文档。使用 (椭圆形工具)在文档中绘制正圆，如图2-49所示。

02 → 选择正圆，执行菜单中的"对象">"转换为曲线"命令或按快捷键Ctrl+Q，将正圆形转换为曲线，使用 (形状工具)在曲线上双击添加节点，拖动节点改变其形状，如图2-50所示。

图2-49　绘制正圆　　　　　　　　　图2-50　转换曲线并调整图形

03 → 选择调整完毕的图形，在工具箱中选择（交互式填充工具），在属性栏中单击（编辑填充）按钮，打开"编辑填充"对话框，选择"渐变填充"，设置"类型"为"椭圆形渐变填充"，设置左侧的颜色为绿色，右侧的颜色为淡绿色，设置节点位置为51%，其他参数不变，设置完毕后单击OK按钮，如图2-51所示。

04 → 此时已形成苹果图形，使用（椭圆形工具）在苹果图形右边绘制一个圆形，使用（选择工具）将苹果与圆形一同框选，单击属性栏中的"简化"按钮，将苹果图形进行简化处理，删除圆形后，再使用（贝塞尔工具）在苹果图形上绘制图2-52所示的封闭曲线。

图2-51　设置填充色并填充　　　　　　　　　图2-52　绘制封闭曲线

05 → 使用（选择工具）框选苹果和曲线，单击属性栏中的"相交"按钮，再将曲线删除，将选择相交后的区域图形填充为白色，将轮廓设置为无，如图2-53所示。

图2-53　编辑造型

06 → 在工具箱中选择（透明度工具），在相交的图形上从上向下拖动鼠标为图形添加渐变透明，如图2-54所示。

07 → 使用（椭圆形工具）绘制一个椭圆，将图形进行相应的旋转并调整至相应的位置，如图2-55所示。

08 → 在工具箱中选择（交互式填充工具），在属性栏中单击（编辑填充）按钮，打开"编辑填充"对话框，设置"类型"为"椭圆形渐变填充"，其他参数设置如图2-56所示，设置完毕后单击

OK按钮完成渐变填充。

图2-54 渐变透明

图2-55 编辑椭圆

图2-56 渐变填充

09 → 使用与苹果主体一样的方法制作高光，如图2-57所示。

10 → 使用同样的方法绘制另外两种颜色的水晶苹果，最终效果如图2-58所示。

图2-57 制作高光

图2-58 最终效果

案例12 交互式填充：立体图形

教学视频

本案例的目的是让读者了解在CorelDRAW中使用多边形工具、矩形工具、椭圆形工具、形状工具和交互式填充工具相结合的方法绘制立体图形。图2-59为立体图形制作流程图。

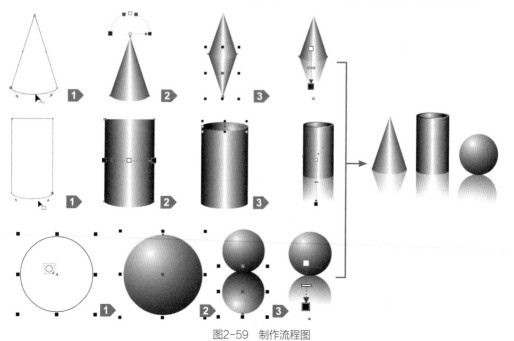

图2-59 制作流程图

案例 重点

- 使用多边形工具、矩形工具和椭圆形工具
- 使用形状工具编辑形状
- 使用透明度工具

- 将轮廓转换为曲线
- 使用交互式填充工具

案例 步骤

绘制圆锥体

01 执行菜单中的"文件">"新建"命令，新建一个横向的A4大小的空白文档。使用 ○(多边形工具)在文档中绘制三角形，效果如图2-60所示。

02 选择三角形，执行菜单中的"对象">"转换为曲线"命令或按快捷键Ctrl+Q，将三角形转换为曲线，使用 ᷄(形状工具)将底边的直线调整为曲线，效果如图2-61所示。

图2-60 绘制三角形　　图2-61 转换为曲线并调整

03 选择调整完毕的图形，在工具箱中选择 ◌(交互式填充工具)，在属性栏中单击 ▩(编辑填充)按钮，打开"编辑填充"对话框，设置"类型"为"圆锥形渐变填充"，设置其中的参数，如图2-62所示，设置完毕后单击OK按钮。使用鼠标在三角形的顶端向右拖动进行圆锥的渐变填充，在"颜色"泊坞窗中右击 ⊠(无填充)隐藏轮廓，效果如图2-63所示。

从左向右的颜色依次为
(C:0 M:0 Y:0 K:100)、
(C:0 M:0 Y:0 K:80)、
(C:0 M:0 Y:0 K:0)、
(C:0 M:0 Y:0 K:80)、
(C:0 M:0 Y:0 K:100)

图2-62 设置填充

图2-63 交互式填充效果

04 使用 ▸(选择工具)向下拖动圆锥体并右击，系统会复制一个图形副本，单击 ▤(垂直镜像)按钮，将图形进行镜像后，再将其移动至相应位置，按快捷键Ctrl+End调整图形顺序，如图2-64所示。

05 在工具箱中选择 ▩(透明度工具)，在相交的图形上从上向下拖动鼠标为图形添加渐变透明，制作倒影效果，如图2-65所示。

图2-64 复制、镜像并改变顺序

图2-65 倒影效果

绘制圆柱体

01 → 使用 ▢(矩形工具)在文档中绘制矩形，按快捷键Ctrl+Q将矩形转换为曲线，使用 ▦(形状工具)将底边的直线调整为曲线，如图2-66所示。

02 → 选择调整完毕的图形，在工具箱中选择 ◙(交互式填充工具)，在属性栏中单击 ▦(编辑填充)按钮，打开"编辑填充"对话框，设置其中的参数，如图2-67所示，设置完毕后单击OK按钮。使用鼠标在矩形上从左向右拖动进行交互式填充，在"颜色"泊坞窗中右击⊠(无填充)隐藏轮廓，效果如图2-68所示。

图2-66 绘制矩形并进行调整

从左向右的颜色依次为(C:0 M:0 Y:0 K:100)、(C:0 M:0 Y:0 K:70)、(C:0 M:0 Y:0 K:0)、(C:0 M:0 Y:0 K:70)、(C:0 M:0 Y:0 K:100)

图2-67 设置填充

图2-68 交互式填充效果

03 → 使用 ◯(椭圆形工具)在圆柱上方绘制一个椭圆，如图2-69所示。

04 → 选择调整完毕的图形，在工具箱中选择 ◙(交互式填充工具)，在属性栏中单击 ▦(编辑填充)按钮，打开"编辑填充"对话框，设置其中的参数，如图2-70所示，设置完毕后单击OK按钮，完成填充。

图2-69 绘制椭圆

图2-70 填充渐变色

05 → 在"颜色"泊坞窗中右击⊠(无填充)隐藏轮廓，按快捷键Ctrl+C复制，再按快捷键Ctrl+V粘贴，得到一个副本，拖动控制点将副本缩小，如图2-71所示。

06 → 在属性栏中单击 ▦(水平镜像)按钮，将图形水平镜像，如图2-72所示。

07 → 框选圆柱对象，按快捷键Ctrl+G群组对象，将复制群组后的对象向下拖动，按快捷键Ctrl+End调整顺序，如图2-73所示。

08 → 在工具箱中选择▦(透明度工具)，在副本的图形上从上向下拖动鼠标为图形添加线性透明效果，如图2-74所示。

图2-71　复制并调整　　图2-72　水平镜像　　图2-73　复制移动群组对象　　图2-74　倒影效果

绘制球体

01 → 使用◯(椭圆形工具)绘制一个正圆，如图2-75所示。

02 → 在工具箱中选择▨(交互式填充工具)，打开"编辑填充"对话框，设置其中的参数，如图2-76所示，在"颜色"泊坞窗中右击☒(无填充)隐藏轮廓。

图2-75　绘制正圆　　　　　　　　　　　图2-76　设置填充

03 → 复制球体向下拖动并进行垂直镜像，按快捷键Ctrl+End调整顺序，如图2-77所示。

04 → 在工具箱中选择▦(透明度工具)，在副本的图形上从上向下拖动鼠标，为图形添加渐变透明制作倒影效果，如图2-78所示。

05 → 至此本例的立体图形全部制作完毕，最终效果如图2-79所示。

图2-77　复制移动　　　　　图2-78　倒影效果　　　　　图2-79　最终效果

案例13 **钢笔工具：卡通胡萝卜**

教学视频

本案例的目的是让读者了解在CorelDRAW中利用钢笔工具和椭圆形工具相结合的方法绘制卡通胡萝卜。图2-80为卡通胡萝卜制作流程图。

图2-80 制作流程图

案例 重点

- 使用钢笔工具
- 使用椭圆形工具

案例 步骤

01 → 执行菜单中的"文件">"新建"命令，新建一个空白文档。使用 (钢笔工具)绘制胡萝卜的轮廓并填充为橘色，再在边缘处使用 (钢笔工具)绘制小曲线，如图2-81所示。

02 → 使用 (钢笔工具)绘制胡萝卜的叶子，填充为绿色和浅绿色，如图2-82所示。

图2-81 绘制曲线 图2-82 绘制胡萝卜的叶子

03 → 使用 (椭圆形工具)在胡萝卜上面绘制眼睛，如图2-83所示。

04 → 眼睛绘制完毕后，使用 (钢笔工具)绘制嘴巴和眼眉，如图2-84所示。

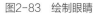

按快捷键
Ctrl+Q转换
为曲线后，
使用形状工
具进行编辑

图2-83 绘制眼睛

图2-84 绘制嘴巴和眼眉

05 → 执行菜单中的"文件">"导入"命令，导入附赠资源中的"素材\第2章\水花"素材，如图2-85所示。

06 → 使用 (选择工具)将绘制的胡萝卜移动至素材中，完成本例的制作，最终效果如图2-86所示。

图2-85 水花素材

图2-86 最终效果

本章练习

练习

1. 对基本几何工具逐个进行练习。

2. 使用形状工具对绘制的图形进行精确的编辑。

3. 掌握填充工具和交互式填充工具的使用方法。

习题

1. 如果要在绘图工具为当前状态时取消选定的所有对象，可以按哪个键？（　　）

　A. Enter键　　　　　　　　B. Esc键　　　　　　　　C. 空格键　　　　　　　　D. Ctrl键

2. 使用手绘工具进行绘图时，如果要绘出如右图所示的连续折线，绘制时要在每个节点处如何操作？（　　）

　A. 单击鼠标左键，然后将鼠标移动至下一点再单击，直到结束绘制

　B. 双击鼠标左键，然后将鼠标移动至下一点再单击，直到结束绘制

　C. 单击鼠标左键并拖动鼠标至下一点，直到结束绘制

　D. 单击鼠标右键，然后将鼠标移动至下一点再单击，直到结束绘制

3. 使用 (椭圆形工具)绘制正圆时，需同时按住键盘上的哪个键？（　　）

　A. Enter键　　　　　　　　B. Esc键　　　　　　　　C. Shift键　　　　　　　　D. Ctrl键

4. 使用 (选择工具)在文档中选择多个图形时，除了框选外，还可以同时按住键盘上的哪个键再单击进行多选？（　　）

　A. Enter键　　　　　　　　B. Esc键　　　　　　　　C. Shift键　　　　　　　　D. Ctrl键

5. 按下面哪个键，可以在当前使用的工具与 (选择工具)之间进行切换？（　　）

　A. Enter键　　　　　　　　B. 空格键　　　　　　　　C. Shift键　　　　　　　　D. Ctrl键

第3章

图形对象的编辑与艺术处理 👆

通过对前面内容的学习，读者已经对使用CorelDRAW中的基本几何工具进行简单绘图有了一定的了解。本章主要在前面内容的基础上对绘制的图形进行相应的编辑和处理，使其达到更加完美的效果。

案例14 　旋转复制：太阳花

教学视频

本案例的目的是让读者了解在CorelDRAW中通过"变换"面板中的"旋转"功能对已绘制对象进行旋转复制的方法。图3-1为太阳花的制作流程图。

图3-1　制作流程图

案例 重点

- 使用椭圆形工具
- 转换为曲线
- 使用形状工具对曲线进行变形处理
- 旋转变换

案例 步骤

01 → 执行菜单中的"文件">"新建"命令，新建一个空白文档。使用◯(椭圆形工具)在文档中绘制椭圆，按快捷键Ctrl+Q将椭圆边线转换为曲线，使用✎(形状工具)拖动节点改变椭圆的形状，如图3-2所示。

按快捷键
Ctrl+Q转换
为曲线后，
调整图形的
形状

图3-2 绘制椭圆并改变其形状

02 → 在工具箱中选择 🖫 (交互式填充工具)，在属性栏中单击 🖫 (编辑填充)按钮，打开"编辑填充"对话框，设置其中的参数，如图3-3所示，设置完毕后单击OK按钮，完成填充。

设置左侧的颜色为深橘色、右侧的颜色为浅橘色

图3-3 设置填充

03 → 使用 🖸 (椭圆形工具)在花瓣上绘制椭圆高光，按快捷键Ctrl+Q转换为曲线后，使用 🖫 (形状工具)调整形状，在"颜色"泊坞窗中单击浅粉色色块，为高光区域填充浅粉色，效果如图3-4所示。

图3-4 调整形状并填充颜色

04 → 使用同样的方法制作另一个高光，框选3个对象，在"颜色"泊坞窗中右击 🗵 (无填充)，隐藏轮廓，如图3-5所示。

05 → 按快捷键Ctrl+G群组，再执行菜单中的"窗口" > "泊坞窗" > "变换"命令，打开"变换"泊坞窗，选择"旋转"选项按钮，调整旋转中心点，设置"旋转"面板中的参数，再重复单击"应用"按钮，直到图形旋转一周为止，如图3-6所示。

旋转中心点 ⊙

图3-5 绘制高光   图3-6 旋转复制图形

图3-7 旋转复制效果

06 → 框选所有的花瓣，按快捷键Ctrl+U取消群组，使用▣(选择工具)同时按住Shift键将花瓣上的高光区域全部选中，选择▦(透明度工具)，在选中的对象上从左上角向右下角拖动鼠标为图形添加线性透明效果，如图3-8所示。

图3-8　添加透明效果

07 → 使用◯(椭圆形工具)在花瓣中心绘制一个正圆，在工具箱中选择◈(交互式填充工具)，打开"编辑填充"对话框，设置其中的参数，如图3-9所示，设置完毕后单击OK按钮，完成填充。

08 → 在正圆上面绘制一个椭圆，在工具箱中选择◈(交互式填充工具)，打开"编辑填充"对话框，设置其中的参数，如图3-10所示，设置完毕后单击OK按钮，完成填充。

图3-9　绘制正圆并填充渐变色

09 → 单击选择对象，将旋转框变为变换框，调整旋转中心点，设置旋转参数，单击"应用"按钮数次，直到旋转一周为止，如图3-11所示。

图3-10　绘制椭圆并填充渐变色

图3-11　旋转复制图形

10 → 框选所有对象，在"颜色"泊坞窗中右击⊠(无填充)，隐藏轮廓，如图3-12所示。

11 → 执行菜单中的"文件"＞"导入"命令，导入附赠资源中的"素材\第3章\叶子"素材，如图3-13所示。

12 → 使用 ▲(选择工具)选择叶子，将其移动至相应的位置，按快捷键Ctrl+End调整叶子的顺序，至此本例制作完毕，最终效果如图3-14所示。

图3-12　隐藏轮廓　　　　　　图3-13　导入素材　　　　　　图3-14　最终效果

案例15　快速描摹：大嘴猴

教学视频

本案例的目的是让读者了解在CorelDRAW中不但可以通过绘图工具进行绘图，还可以通过"快速描摹"命令将位图转换为矢量图进行编辑，图3-15为其制作流程图。

图3-15　制作流程图

案例 | 重点

● 导入素材　　● 创建图案填充　　● 图案填充　　● 使用透明度工具

案例 | 步骤

01 → 执行菜单中的"文件"＞"新建"命令，新建一个空白文档。执行菜单中的"文件"＞"导入"命令，将附赠资源中的"素材\第3章\猴"素材导入空白文档中，如图3-16所示。

02 → 执行菜单中的"对象">"创建">"图案填充"命令，打开"创建图案"对话框并设置参数，如图3-17所示。

03 → 单击OK按钮后文档中会出现一个裁剪符号，在导入的素材上创建矩形裁剪框，然后单击"接受"按钮，此时系统会打开"创建自定义无填充"对话框，设置名称后单击"保存"按钮，如图3-18所示。

图3-16 导入素材

图3-17 "创建图案"对话框

04 → 使用□(矩形工具)在页面中绘制一个矩形框，再在工具箱中选择◢(交互式填充工具)，打开"编辑填充"对话框，设置其中的参数，如图3-19所示。

05 → 设置完毕后单击OK按钮，效果如图3-20所示。

06 → 图案填充完毕后，按快捷键Ctrl+C复制，再按快捷键Ctrl+V粘贴，得到一个图形副本，将副本填充为青色，然后再选择▨(透明度工具)，在属性栏中设置"透明度类型"为"均匀透明度"、"透明度"为18，如图3-21所示。

07 → 使用▸(选择工具)选择"猴"素材，执行菜单中的"位图">"快速描摹"命令，将位图转换为矢量图，效果如图3-22所示。

创建矩形裁剪框

图3-18 创建图案

图3-19 "编辑填充"对话框

图3-20 填充

图3-21 设置类型和透明度

图3-22 快速描摹

08 → 按快捷键Ctrl+U取消群组，使用▸(选择工具)选择青色背景，按Delete键清除背景，如图3-23所示。

09 → 去掉背景之后，使用○(椭圆形工具)绘制大嘴猴的鼻孔，如图3-24所示。

10 → 将大嘴猴移动至之前制作的背景上，再使用字(文本工具)输入Big Monkey，至此本例制作完毕，最终效果如图3-25所示。

图3-23　清除背景

图3-24　绘制鼻孔

图3-25　最终效果

案例16　插入字形：夜

教学视频

本案例的目的是让读者了解在CorelDRAW中通过"插入字形"命令在文档中插入矢量图形的方法，图3-26为其制作流程图。

图3-26　制作流程图

案例 重点

- 使用矩形工具
- 导入素材
- 使用交互式填充工具
- 插入字形

案例 步骤

01 → 执行菜单中的"文件">"新建"命令，新建一个空白文档。使用▢(矩形工具)在文档中绘制矩形，如图3-27所示。

02 → 选择绘制的矩形，在工具箱中选择◇(交互式填充工具)，打开"编辑填充"对话框，设置其中的参数，如图3-28所示，设置完毕后单击OK按钮，完成填充。

03 → 使用○(椭圆形工具)在文档中绘制正圆，在工具箱中选择▦(透明度工具)，在属性栏中单击▦(编辑透明度)按钮，打开"编辑透明度"对话框，设置其中的参数，如图3-29所示。

04 → 绘制白色椭圆，导入附赠资源中的"素材\第3章\月亮"素材，使用▶(选择工具)将月亮素材调整至相应的大小并移动至相应的位置，如图3-30所示。

从左向右的颜色依次为(C:0 M:0 Y:0 K:100)、(C:0 M:0 Y:0 K:100)、(C:100 M:84 Y:0 K:0)、(C:100 M:20 Y:0 K:0)

图3-27　绘制矩形　　　　　　　　　　　　　　　　　图3-28　渐变填充效果

绘制白色正圆

图3-29　设置透明度

05 → 执行菜单中的"文本">"字形"命令，打开"字形"泊坞窗，设置其中的参数，如图3-31所示。

图3-30　编辑素材　　　　　　　　　　　　　　　　　　图3-31　"字形"泊坞窗

06 → 选择字形后，将其拖动至页面中，填充黑色，如图3-32所示。再按快捷键Ctrl+K打散曲线，将窗户填充为黄色，调整顺序后将其移动至相应的位置，如图3-33所示。

图3-32　填充黑色　　　　　　　　　　　　图3-33　打散曲线后填充颜色

07 → 将楼房图形移动至背景图中，如图3-34所示。

08 → 打开"字形"泊坞窗，依次选择飞机、小狗和树图形，如图3-35所示。

09 → 插入字形后，填充黑色，效果如图3-36所示。

10 → 在"字形"泊坞窗中选择另一种字体，再选择不同的星星符号，如图3-37所示。

图3-34　将楼房移动至背景图中

图3-35　"字形"泊坞窗

11 → 插入字形后填充为白色，复制多个后完成本例的制作，最终效果如图3-38所示。

图3-36　填充为黑色

图3-37　插入符号

图3-38　最终效果

案例17　喷涂工具：创意画

教学视频

本案例的目的是让读者了解CorelDRAW艺术笔中喷涂工具的使用方法，以及通过图样填充、底纹填充来制作图像背景，图3-39为其制作流程图。

图3-39　制作流程图

案例　重点

- 使用位图图样填充工具
- 使用阴影工具
- 使用透明度工具
- 艺术笔工具中的喷涂画笔

案例　步骤

01 → 执行菜单中的"文件">"新建"命令，新建一个空白文档。使用□(矩形工具)在文档中绘制矩形，选择矩形并在工具箱中选择▣(位图图样填充工具)，打开"编辑填充"对话框，设置其中的参数，如图3-40所示，设置完毕后单击OK按钮，完成填充。

图3-40　填充图样

02 → 按快捷键Ctrl+C复制，再按快捷键Ctrl+V粘贴，得到一个当前图形的副本，选择副本矩形，并在工具箱中选择▣(交互式填充工具)，打开"编辑填充"对话框，设置其中的参数，如图3-41所示，设置完毕后单击OK按钮，完成填充。

03 → 底纹填充完毕后，在工具箱中选择▣(透明度工具)，在属性栏中选择"渐变透明度"，设置"透明度类型"为"椭圆形渐变透明度"、"合并模式"为"常规"，拖动控制点改变透明范围，效果如图3-42所示。

图3-41　填充底纹

图3-42　设置透明度选项

04 → 使用▣(贝塞尔工具)在图形的底部绘制一条封闭的曲线，如图3-43所示。

05 → 在工具箱中选择▣(交互式填充工具)，打开"编辑填充"对话框，设置其中的参数，如图3-44所示，设置完毕后单击OK按钮，完成填充，右击☒(无填充)按钮隐藏轮廓。

图3-43　绘制曲线

图3-44　填充底纹

06 → 在工具箱中选择 🔲(阴影工具)，在图形下方向上拖动鼠标，为其添加阴影，在属性栏中设置相应的参数，效果如图3-45所示。

07 → 选择工具箱中的 🖌(艺术笔工具)，在属性栏中单击 🔳(喷涂)按钮，设置"类别"为"其他"、喷涂图样为"小动物"，如图3-46所示。

图3-45　为图形添加阴影　　　　　　　　　　　　图3-46　选择喷涂图样

08 → 在属性栏中单击 🔳(新喷涂列表)按钮，打开"创建播放列表"对话框，先单击"清除"按钮清除"播放列表"中的动物图样，选择需要的动物图样，再单击"添加"按钮，添加到"播放列表"中，单击OK按钮完成创建，如图3-47所示。

图3-47　创建播放列表

09 → 选择 🔳(喷涂)按钮，在页面中绘制一个小动物，执行菜单中的"对象">"打散艺术笔群组"命令或按快捷键Ctrl+K，选择曲线将其删除，如图3-48所示。

10 → 在工具箱中选择 🔲(阴影工具)，在小动物脚部向下拖动鼠标，为其添加阴影，在属性栏中设置相应的参数，如图3-49所示。

图3-48　绘制小动物将其打散后删除曲线　　　　　　　　　图3-49　添加阴影

11 → 使用 ▶(选择工具)将小动物及其倒影移动至背景中，如图3-50所示。

12 → 选择"日食"所在底纹填充的图形，按快捷键Ctrl+C复制，再按快捷键Ctrl+V粘贴得到副本，单击"颜色"泊坞窗中的黑色色块，效果如图3-51所示。

13 → 将透明度调大一些。至此本例制作完毕，最终效果如图3-52所示。

图3-50　移动倒影

图3-51　复制并填充

图3-52　最终效果

案例18　图形顺序：愤怒的小鸟

教学视频

本案例的目的是让读者了解在CorelDRAW中使用B样条工具、形状工具和调整顺序功能绘制小鸟的方法，图3-53为其制作流程图。

图3-53　制作流程图

案例　重点

- 使用B样条工具
- 使用透明度工具
- 使用形状工具编辑形状
- 改变顺序

案例　步骤

01 ➞ 执行菜单中的"文件">"新建"命令，新建一个空白文档。使用 ▨(B样条工具)在文档中绘制圆角三角形，绘制过程如图3-54所示。

图3-54　绘制圆角三角形

技巧

　　使用 ▨(B样条工具)可以在不分割线段的情况下对曲线进行编辑，使用该工具绘制的圆角非常平滑。

02 ➞ 绘制圆角三角形轮廓完毕后，使用 ▨(形状工具)在控制点上拖动调整圆角三角形的形状，如图3-55所示。

03 ➞ 调整形状完毕后，填充深黄色并隐藏轮廓，效果如图3-56所示。

图3-55　调整圆角三角形的形状　　　　　　　　图3-56　填充颜色并隐藏轮廓

04 ➞ 使用 ▨(B样条工具)在鸟身上绘制头顶的羽毛，绘制过程如图3-57所示。

图3-57　绘制羽毛

05 ➞ 填充黑色并隐藏轮廓，如图3-58所示。

06 ➞ 执行菜单中的"对象">"顺序">"置于此对象后"命令，或在选择的羽毛上右击并在弹出的快捷菜单中选择"顺序">"置于此对象后"命令，如图3-59所示。此时在文档中会出现一个黑色箭头，如图3-60所示。

07 ➞ 在鸟身上单击，此时会发现羽毛已经被放置到鸟身的后面，如图3-61所示。

08 ➞ 使用同样的方法制作鸟尾部的羽毛，效果如图3-62所示。

09 → 使用 ◯ (椭圆形工具)在鸟身上绘制正圆作为鸟眼睛、黑色眼珠及白色眼白，如图3-63所示。

图3-58　填充黑色

图3-59　选择顺序

图3-60　出现的箭头

图3-61　改变顺序

图3-62　绘制鸟尾部的羽毛

图3-63　绘制鸟眼睛

10 → 使用 ◉ (B样条工具)在眼睛下面绘制鸟嘴，分别填充深黄色和橘色，如图3-64所示。

11 → 使用 ◯ (椭圆形工具)在鸟身上绘制白色高光，单击对椭圆进行旋转，效果如图3-65所示。

12 → 在工具箱中选择 ▦ (透明度工具)，在属性栏中设置"透明度类型"为"均匀透明度"，效果如图3-66所示。

图3-64　绘制鸟嘴　　　　　　　图3-65　白色高光

图3-66　设置透明度类型

13 → 使用 ◉ (B样条工具)绘制鸟窝，效果如图3-67所示。

14 → 框选整个鸟窝，执行菜单中的"对象">"群组"命令或按快捷键Ctrl+G群组，再执行菜单中的"对象">"顺序">"置于此对象后"命令，效果如图3-68所示。

图3-67　绘制鸟窝

使用箭头在鸟身上单击

图3-68　群组后调整图形顺序

15 → 调整顺序完成后，全选整个小鸟，按快捷键Ctrl+G群组，再导入附赠资源中的"素材\第3章\小鸟背景"素材，将绘制的小鸟移动至背景上以完成本例的制作，最终效果如图3-69所示。

图3-69　最终效果

案例19　置于图文框内部：相架

教学视频

本案例的目的是让读者了解在CorelDRAW中使用"置于图文框内部"命令，并将图像嵌入图形中的方法，图3-70为其制作流程图。

图3-70　制作流程图

案例　重点

- 使用椭圆形工具
- 使用交互式填充工具
- 使用"置于图文框内部"命令
- 使用透明度工具

案例　步骤

01 → 执行菜单中的"文件">"新建"命令，新建一个空白文档。使用◎(椭圆形工具)在文档中绘制一个正圆，如图3-71所示。

02 → 选择正圆，在按住Shift键的同时缩小轮廓达到要求后右击，系统会自动复制一个正圆副本，如图3-72所示。

图3-71 绘制正圆　　　　　　　　　　　图3-72 缩小并复制

03 → 选择大圆形后，再选择工具箱中的 ◙(交互式填充工具)，打开"编辑填充"对话框，设置其中的参数，如图3-73所示，设置完毕后单击OK按钮，完成填充。

04 → 导入附赠资源中的"素材\第3章\No.1"素材，如图3-74所示。

从左向右的颜色依次为
(C:0 M:0 Y:0
K:100)、
(C:0 M:0
Y:0 K:80)、
(C:60 M:0
Y:20 K:0)、
(C:0 M:0 Y:0
K:50)、(C:0
M:0 Y:0 K:0)

图3-73 填充渐变色　　　　　　　　　　　图3-74 导入素材

05 → 执行菜单中的"对象">"PowerClip">"置于图文框内部"命令，此时会出现一个箭头，如图3-75所示。

06 → 单击小圆，此时系统会将No.1素材放置到小圆形的轮廓中，如图3-76所示。

07 → 执行菜单中的"对象">"PowerClip">"编辑PowerClip"命令，此时可在容器内进行编辑，将图像移动至圆形轮廓的中心，并调整大小，如图3-77所示。

图3-75 执行命令后出现箭头　　　　图3-76 置于图文框内部　　　　图3-77 编辑内容

08 → 编辑内容完毕后，执行菜单中的"对象">"PowerClip">"完成编辑PowerClip"命令，完成图像精确剪裁，效果如图3-78所示。

图3-78　剪裁效果

09 ➞　执行菜单中的"文字">"字形"命令，打开"字形"泊坞窗，设置其中的参数，如图3-79所示，单击"复制"按钮，再按快捷键Ctrl+V，即可将选择的字符插入文档中，并填充为黑色。

10 ➞　使用 (手绘工具)在图形中绘制曲线，使用 (选择工具)将曲线和插入的字符一同选中，如图3-80所示。

图3-79　插入字形

图3-80　选中曲线及字符

11 ➞　单击属性栏中的 (相交)按钮，如图3-81所示。

12 ➞　选择插入的字符，按快捷键Ctrl+End将其放到页面后，效果如图3-82所示。

13 ➞　使用 (手绘工具)绘制曲线，再按Delete键将其删除，使用同样的方法制作另一面的图形，效果如图3-83所示。

图3-81　相交操作

图3-82　调整图形顺序

图3-83　制作效果

14 ➞　相架制作完毕后，为其制作高光，使用 (贝塞尔工具)绘制一个高光轮廓并填充白色，再将其轮廓隐藏，如图3-84所示。

15 ➞　选择工具箱中的 (透明度工具)，在属性栏中设置"透明度类型"为"均匀透明度"、"合并模式"为"常规"，效果如图3-85所示。

图3-84　制作高光

16 → 使用同样的方法制作另外几处的高光。至此本例制作完毕，最终效果如图3-86所示。

图3-85　设置透明效果

图3-86　最终效果

本章练习

练习

1. 练习"对象">"变换"命令的用法。

2. 对位图进行描摹练习，使位图快速转换为矢量图。

3. 练习"插入字形"命令的用法。

习题

1. 将两个图形进行焊接后，最终图形颜色和哪个图形颜色相同？（　　）

　A. 上边图形　　　B. 下边图形　　　　　　C. 先选择的图形　　　　D. 后选择的图形

2. 在下图中，矩形内填充了渐变色，其最终输出效果如下图所示，采用下列哪种方法可以将这个填充显示并打印出我们所看到的效果？（　　）

A. 在正常视图模式下，进入工作区下的显示选项，将渐变步长值设置为20，就可以显示并打印出这样的效果

B. 在编辑渐变填充时，将填充颜色调和的颜色个数设置为20

C. 将图形位图化后，使用马赛克滤镜

D. 在填充图形渐变时，将步长值设置为20

3. 双击工具箱中的"矩形工具"以后，会得到什么结果?(   )

A. 打开一个对话框，用于设置与矩形相关的选项

B. 在页面上自动创建一个默认大小的矩形

C. 页面中的全部对象被选中

D. 创建页面框架

4. 将选中对象向后移动一层的快捷键是?(   )

A. Shift+Ctrl   B. Ctrl+PgDn   C. Ctrl+PgUp   D. Shift+PgDn

5. 默认情况下，一个绘图页面中所有对象的堆叠顺序是由什么因素决定的?(   )

A. 由对象的大小决定

B. 由对象的填充决定

C. 由对象被添加到绘图中的次序决定

D. 没有什么规律

6. 下图中左边的图形是两条单独的曲线，如果要通过连接的方式将它变成右边的图形，该如何将节点1和节点2接合起来?(   )

A. 使用"选择工具"将左边的两条曲线选中，然后使用属性栏中的"延长曲线"命令使之闭合

B. 使用"形状工具"将两条曲线的节点1和节点2选中，然后使用属性栏中的"延长曲线"命令使之闭合

C. 将两条曲线选中后进行合并，使用"形状工具"选中节点1和节点2，并使用属性栏中的"延长曲线"命令使之闭合

D. 将两条曲线选中后，执行菜单中的"对象">"闭合路径"命令，使曲线形成一个闭合图形

第4章

文字的编辑与应用

通过对前3章内容的学习，读者已经对CorelDRAW绘制与编辑图形的强大功能有了初步的了解。本章主要讲解CorelDRAW文字部分的编辑与应用方法，使读者能够了解平面设计中文字的魅力。

案例20

文字编辑：名片

教学视频

本案例的目的是让读者了解在CorelDRAW中通过文本工具结合基本几何工具设计名片的方法。图4-1为名片的制作流程图。

图4-1　制作流程图

案例 重点

- 使用文本工具　　● 使用形状工具调整文字　　● 使用矩形选框工具绘制矩形

案例 步骤

01 → 执行菜单中的"文件">"新建"命令，新建一个空白文档。使用□(矩形工具)在文档中绘制一个长度为90mm、宽度为54mm的白色矩形，再使用○(椭圆形工具)在矩形边绘制铁红色的正圆，如图4-2所示。

02 → 选择正圆，按快捷键Ctrl+C复制再按快捷键Ctrl+V粘贴，复制副本正圆，按照顺序将正圆依次缩小并调整位置，效果如图4-3所示。

03 → 框选所有的正圆，向右拖动并右击鼠标，此时会复制一个副本，将副本填充为黑色，如图4-4所示。

图4-2　绘制矩形与正圆　　　　　图4-3　复制正圆　　　　　图4-4　复制图形

04 → 单击属性栏中的(水平镜像)按钮和(垂直镜像)按钮，将镜像后的图形向左移动并与小正圆对齐，此时Logo制作完成，效果如图4-5所示。

图4-5　制作Logo

05 → 使用(文本工具)在Logo下面输入黑色文字，如图4-6所示。

06 → 使用(形状工具)在文字上单击，此时在文字的边缘会出现拖动符号，向外拖动会将文字间距拉大，效果如图4-7所示。

图4-6　输入文字　　　　　图4-7　编辑文字

向右拖动可以改变文字的间距

技巧

　　输入文字后，用户可以按照软件的预览效果找到合适的文字字体。

07 → 使用□(矩形工具)在名片的左边缘向右绘制一个铁红色的矩形，如图4-8所示。

08 → 使用(文本工具)在铁红色的矩形上面输入白色文字，效果如图4-9所示。

09 → 使用(文本工具)分别在矩形的上下输入不同大小的黑色文字，并选择适合名片的文字字体，如图4-10所示。

10 → 使用(形状工具)在文字上单击，在随后出现的拖动符号上，向下拖动控制点改变文字的行距，如图4-11所示。

图4-8 绘制铁红色矩形

图4-9 输入白色文字

图4-10 输入黑色文字

图4-11 调整文字行距

11 → 调整行距完毕后，完成名片的正面设计，再绘制一个长度为90mm、宽度为54mm的白色矩形作为名片的背面，在其底部绘制一个铁红色矩形并将Logo复制到背面，调整为合适的大小，如图4-12所示。

图4-12 制作名片的背面内容

12 → 按照名片的主色调再另外设计两个正面样式，至此本例制作完毕，最终效果如图4-13所示。

图4-13 最终效果

案例21　艺术笔：草坪字

教学视频

本案例的目的是让读者了解在CorelDRAW中将美术字转换为曲线，再通过艺术笔工具制作草坪字的方法。图4-14为草坪字制作流程图。

图4-14　制作流程图

案例　重点

- 输入美术字
- 将文字转换为曲线
- 使用透明度工具

- 使用阴影工具添加阴影
- 通过艺术笔中的喷涂功能制作草坪

案例　步骤

01 → 执行菜单中的"文件">"新建"命令，新建一个空白文档。使用圉(文本工具)在文档中输入绿色文字LAWN WORD，如图4-15所示。

技巧

按键盘上的F8键，切换为文本工具，单击页面，添加美术字文本，单击并拖动鼠标可添加段落文本。

LAWN WORD

图4-15　输入文字

02 → 使用◪(阴影工具)在文字底部向右下角拖动为其添加阴影，如图4-16所示。

LAWN WORD ▶ LAWN WORD

图4-16　添加阴影

03 → 选择文字，按快捷键Ctrl+C复制，再按快捷键Ctrl+V粘贴，得到一个文字副本，执行菜单中的"对象">"转换为曲线"命令或按快捷键Ctrl+Q将文字转换为曲线，如图4-17所示。

04 → 在工具箱中选择◪(艺术笔工具)，在属性栏中单击▣(喷涂)按钮，选择"类型"为"植物"，找到"草"图案，并设置属性栏中的各项参数，如图4-18所示。

05 → 单击选择草图案后，会按照图案描边文字，在属性栏中单击 🔩(偏移)按钮，并设置参数如图4-19所示。

图4-17 转换为曲线

图4-18 设置图案

06 → 选择文字后再次复制文字，效果如图4-20所示。

07 → 选择 ▨(透明度工具)，在属性栏中设置"透明度类型"为"均匀透明度"、"合并模式"为"减少"、"透明度"为78，效果如图4-21所示。

图4-19 设置偏移   图4-20 复制文字

08 → 导入附赠资源中的"素材\第4章\草地"素材，如图4-22所示。

09 → 按快捷键Ctrl+End将背景图移动至页面后，再将素材移动至文字底部的相应位置，完成本例的制作，最终效果如图4-23所示。

图4-21 透明效果

图4-22 导入素材   图4-23 最终效果

提示

输入的文字在转换为曲线后，其仍为空心效果，如果想将文字制作成单路径效果，就得结合 🖉(形状工具)对其进行调整，可以使用将路径分割后再删除的方法进行单路径的制作，制作流程如图4-24所示。

图4-24 转换闭合文字路径为单路径效果

案例22 转换为对象：创意字

教学视频

本案例的目的是让读者了解在CorelDRAW中通过将轮廓转换为对象，并结合接合造型命令制作图形的整体阴影。图4-25为创意字制作流程图。

图4-25　制作流程图

案例 重点

- 使用矩形工具
- 使用交互式填充工具
- 输入文字
- 绘制图形
- 将路径转换为对象

案例 步骤

01 → 执行菜单中的"文件">"新建"命令，新建一个空白文档。使用 ▢(矩形工具)在文档中绘制矩形，如图4-26所示。

02 → 选择绘制的矩形，在工具箱中选择 ◈(交互式填充工具)，打开"编辑填充"对话框，设置其中的参数，如图4-27所示，设置完毕后单击OK按钮，完成填充后取消矩形的轮廓。

图4-26　绘制矩形

设置左侧的颜色为(C:40 M:0 Y:20 K:40)，右侧的颜色为(C:20 M:20 Y:0 K:0)

图4-27　渐变填充效果

03 → 按快捷键Ctrl+C复制，再按快捷键Ctrl+V粘贴，复制一个矩形副本，将副本缩小，在工具箱中选择 (交互式填充工具)，打开"编辑填充"对话框，设置其中的参数，如图4-28所示，设置完毕后单击OK按钮，完成填充。

图4-28　设置渐变色并填充

04 → 在工具箱中选择 (艺术笔工具)，在属性栏中单击 (喷涂)按钮，选择"类型"为"其他"，再选择"蝙蝠"图案，如图4-29所示。

05 → 在文档中拖动鼠标，绘制一个蝙蝠图案，将其移动至背景上，效果如图4-30所示。

图4-29　设置图案

图4-30　绘制蝙蝠图案

06 → 执行菜单中的"对象">"拆分艺术笔群组"命令，选择拆分后的路径并将其删除，如图4-31所示。

07 → 选择蝙蝠，复制一个副本，单击属性栏中的 (垂直镜像)按钮，将镜像后的图像移动至背景底部，填充为黑色，如图4-32所示。

图4-31　删除拆分后的路径效果

图4-32　镜像对象

08 → 在工具箱中选择 (透明度工具)，在属性栏中设置"透明度类型"为"均匀透明度"、"合并模式"为"常规"、"透明度"为91，如图4-33所示。

09 → 此时非文字的区域制作完毕，下面制作创意文字的效果，在文档中输入字母T，再使用 (椭圆形工具)在文字上绘制白色椭圆，效果如图4-34所示。

10 → 按快捷键Ctrl+Q将轮廓转换为曲线，使用 (形状工具)调整椭圆的形状，效果如图4-35所示。

图4-33　设置透明度

图4-34　输入文字并绘制椭圆

图4-35　调整椭圆的形状

11 → 使用 ⊙(椭圆形工具)在形状上绘制黑色正圆和白色正圆，完成一只眼睛的制作，使用同样的方法制作另一只眼睛，效果如图4-36所示。

12 → 使用 ✎(手绘工具)在文字边缘绘制手脚和头发，效果如图4-37所示。

图4-36　制作眼睛

图4-37　绘制手脚和头发

13 → 使用 ▶(选择工具)框选整个文字，向下拖动选择的文字，右击复制一个副本，单击属性栏中的 ⬓(垂直镜像)按钮进行镜像，效果如图4-38所示。

14 → 分别选择手、脚、头发和眼睛，执行菜单中的"对象">"将轮廓转换为对象"命令，再执行菜单中的"对象">"造型">"合并"命令，将对象合并为一个整体，效果如图4-39所示。

15 → 在工具箱中选择 ▨(透明度工具)，在倒影处从上向下拖动为对象添加线性渐变透明，效果如图4-40所示。

图4-38　镜像图形

图4-39　合并图形

图4-40　制作渐变透明效果

16 → 使用同样的方法制作另外两个文字效果，至此本例制作完毕，最终效果如图4-41所示。

图4-41　最终效果

教学视频

案例23　转换为位图：金属字

本案例的目的是让读者了解在CorelDRAW中将选中的多个对象转换为位图，再为其添加透明效果的方法。图4-42为金属字制作流程图。

图4-42　制作流程图

案例　重点

- 使用交互式填充工具制作背景
- 使用透明度工具
- 使用交互式填充工具制作金属效果
- 使用阴影工具

案例　步骤

01 → 制作金属字的背景。执行菜单中的"文件">"新建"命令，新建一个空白文档。使用▢(矩形工具)在文档中绘制矩形，选择绘制的矩形，在工具箱中选择 ▨(交互式填充工具)，并在属性栏中设置"渐变类型"为"椭圆形渐变填充"，如图4-43所示。

02 → 使用鼠标在矩形上拖动以填充渐变色，效果如图4-44所示。

图4-43　设置渐变类型

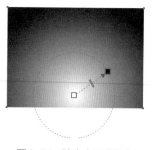

图4-44　填充交互式渐变

063

讨论

　　使用◙(交互式填充工具)填充渐变色后，可以通过拖动的方式改变渐变的位置和大小，在渐变线上单击可以添加渐变色，如图4-45所示。

图4-45　调整渐变效果

03 ⇒　绘制一个小一些的矩形，使用◙(交互式填充工具)从上向下拖动填充线性渐变色，此时背景绘制完毕，效果如图4-46所示。

04 ⇒　制作金属效果时，使用▢(矩形工具)绘制矩形，选择◙(交互式填充工具)，打开"编辑填充"对话框，设置其中的参数，如图4-47所示，单击OK按钮完成渐变填充。

图4-46　填充线性渐变色

图4-47　参数设置及填充渐变色

05 ⇒　复制矩形，使用▨(选择工具)变换绘制的金属矩形，效果如图4-48所示。

06 ⇒　下面绘制金属螺丝效果。使用◯(椭圆形工具)绘制正圆，选择工具箱中的◙(交互式填充工具)，打开"编辑填充"对话框，设置其中的参数，如图4-49所示，单击OK按钮完成渐变填充。

图4-48　变换效果

图4-49　设置并填充渐变色

07 ⇒　复制正圆，将其缩小并旋转一定的角度，如图4-50所示。

08 ⇒　选择两个正圆，执行菜单中的"对象">"群组"命令，群组图形，再使用▣(阴影工具)在图形中间向外拖动并添加阴影，效果如图4-51所示。

09 ⇒　复制多个正圆，移动至相应的位置，效果如图4-52所示。

10 ⇒　框选整个金属字，复制一个副本，单击▨(垂直镜像)按钮，移动至倒影位置，效果如图4-53所示。

图4-50 调整图形

图4-51 群组图形并添加阴影

图4-52 复制图形

11 → 选择倒影金属字，执行菜单中的"位图">"转换为位图"命令，打开"转换为位图"对话框，设置其中的参数，如图4-54所示。

12 → 设置完毕后单击OK按钮，将选择图形转换为位图，再使用 (透明度工具)在位图上从下向上拖动为其添加渐变透明效果，如图4-55所示。

13 → 至此本案例制作完毕，最终效果如图4-56所示。

图4-53 倒影

图4-54 "转换为位图"对话框

图4-55 渐变透明效果

图4-56 最终效果

案例24 彩色玻璃：石头字

教学视频

本案例的目的是让读者了解在CorelDRAW中将文字转换为位图并应用"彩色玻璃"和"炭笔画"滤镜产生石头纹理。图4-57为石头字制作流程图。

图4-57 制作流程图

案例 重点

- 拆分文字
- 转换为位图
- 应用"彩色玻璃"滤镜
- 应用"炭笔画"滤镜
- 使用立体化工具

案例 步骤

01 → 执行菜单中的"文件">"新建"命令，新建一个空白文档。使用 (文本工具)在文档中输入文字，按快捷键Ctrl+K将文字拆分，移动单个文字的位置，如图4-58所示。

02 → 将移动的文字框选复制一个副本备用。执行菜单中的"位图">"转换为位图"命令，打开"转换为位图"对话框，设置"分辨率"为300dpi。

图4-58 输入文字后移动单个文字位置

技巧

在CorelDRAW中利用▣(文本工具)输入的文字，将其拆分后可以将输入的整体文字分解成单个效果，被拆分的文字仍然具有文字的特点。

03 → 转换为位图后，执行菜单中的"效果">"创造性">"彩色玻璃"命令，打开"彩色玻璃"对话框，设置其中的参数，如图4-59所示。

04 → 设置完毕后单击OK按钮，效果如图4-60所示。

图4-59 "彩色玻璃"对话框　　　　　　　　　图4-60 应用彩色玻璃效果

05 → 执行菜单中的"效果">"艺术笔触">"炭笔画"命令，打开"木炭"对话框，设置其中的参数，如图4-61所示。

06 → 设置完毕后单击OK按钮，效果如图4-62所示。

图4-61 "木炭"对话框　　　　　　　　　图4-62 应用炭笔画效果

07 → 选择文字副本，并框选全部文字，按快捷键Ctrl+G群组文字，使用▣(立体化工具)在文字上拖动创建立体效果，如图4-63所示。

08 → 拖动改变灭点的位置。在属性栏中设置立体化颜色，设置"从"的颜色为灰色、"到"的颜色为黑色，如图4-64所示。

图4-63 使用立体化工具　　　　　　　　　图4-64 设置立体化颜色

09 → 将应用滤镜后的文字移动至立体化文字的前面，效果如图4-65所示。

10 → 导入附赠资源中的"素材\第4章\墙"素材，如图4-66所示。

11 → 使用▯(选择工具)将文字移动至素材上面，至此本例制作完毕，最终效果如图4-67所示。

图4-65 移动文字

图4-66 导入素材

图4-67 最终效果

案例25 湿笔画：降雪字

教学视频

本案例的目的是让读者了解在CorelDRAW中使用▣(立体化工具)制作文字的三维效果，再绘制艺术画笔后应用"散开"和"湿笔画"滤镜制作特效。图4-68为降雪字制作流程图。

图4-68 制作流程图

案例 重点

- 使用立体化工具
- 转换为位图
- 散开滤镜
- 湿笔画滤镜

案例 步骤

01 → 执行菜单中的"文件">"新建"命令，新建一个空白文档。使用▮(文本工具)在文档中输入文字，如图4-69所示。

02 → 使用▣(立体化工具)在文字上拖动创建立体效果，如图4-70所示。

03 → 在属性栏中设置立体化颜色，在打开的菜单中单击选中▣(使用递减的颜色)按钮，设置"从"的颜色为灰色、"到"的颜色为黑色，如图4-71所示。

图4-69　输入文字

图4-70　立体效果

04 → 单击选中 ⬚(艺术笔工具)中的 ⬚(表达式)按钮，在立体文字的上方绘制白色积雪状的画笔，效果如图4-72所示。

图4-71　设置立体化的颜色

图4-72　绘制画笔

05 → 选择绘制的积雪图形，执行菜单中的"位图"＞"转换为位图"命令，打开"转换为位图"对话框，设置"分辨率"为150dpi。

06 → 转换为位图后，执行菜单中的"效果"＞"创造性"＞"散开"命令，打开"扩散"对话框，设置其中的参数，如图4-73所示。

07 → 设置完毕后单击OK按钮，效果如图4-74所示。

图4-73　"扩散"对话框

图4-74　扩散效果

08 → 执行菜单中的"位图"＞"扭曲"＞"湿笔画"命令，打开"湿笔画"对话框，设置其中的参数，如图4-75所示。

09 → 设置完毕后单击OK按钮，效果如图4-76所示。

图4-75　"湿笔画"对话框

图4-76　湿笔画效果

10 → 导入附赠资源中的"素材\第4章\雪背景"素材，如图4-77所示。

11 → 使用 (选择工具)将文字移动至素材上，至此本例制作完毕，最终效果如图4-78所示。

图4-77　导入素材

图4-78　最终效果

技巧

　　对于创建的立体化图形可以进行拆除，方法是使用 (立体化工具)创建立体矩形后，执行菜单中的"对象">"拆分立体化群组"命令，此时立体化部分会和前面的矩形分开，单个立体化之间还是一个整体，再执行菜单中的"对象">"取消群组"命令，即可将立体化图形单独选中并移动，过程如图4-79所示。

拆分后　　取消群组

图4-79　拆分立体化图形的过程

本章练习

练习

　　1. 练习使用艺术笔描边路径的方法。

　　2. 为自己制作一张个性名片。

习题

　　1. 下图为文字输入完毕后选中的状态，由图可判断它属于哪种?(　　　)

　　A. 美术字

　　B. 段落文字

    C. 既不是美术字又不是段落文字

    D. 可能是美术字，也可能是段落文字

2. 下图为选中对象的状态，这说明它处于什么状态?(　　)

    A. 在其他的文本框中有链接的文本

    B. 在这个文本框中还有没展开的文字

    C. 这已经不是文字，而被转换为曲线了

    D. 只表示当前这个文本块被选中，没有其他含义

第 5 章

特殊图形效果制作

通过对前面章节的学习，读者已经对在CorelDRAW中绘制图形并进行相应的编辑和处理的方法有所了解。本章在之前的基础上继续对绘制的图形进行特殊处理，从而使对象更加具有视觉冲击力。

案例26

逆时针调和：彩蝶

本案例的目的是让读者了解在CorelDRAW中通过调和工具对线条对象进行逆时针调和的方法。图5-1为彩蝶的制作流程图。

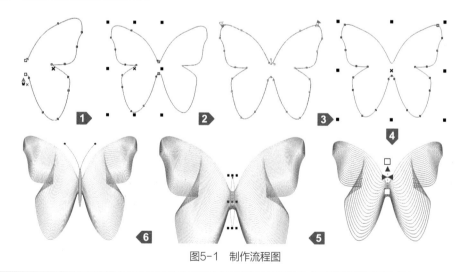

图5-1　制作流程图

案例 | 重点

- 使用钢笔工具
- 使用调和工具
- 创建边界
- 使用轮廓图工具
- 使用形状工具断开曲线

案例　步骤

01 → 执行菜单中的"文件">"新建"命令，新建一个空白文档。使用 ▧(钢笔工具)在文档中绘制一半蝴蝶翅膀的轮廓，如图5-2所示。

02 → 选择轮廓，按快捷键Ctrl+C复制，再按快捷键Ctrl+V粘贴，复制一个副本，单击属性栏中的 ▧(水平镜像)按钮，制作效果如图5-3所示。

03 → 框选对象，在属性栏中单击 ▧(创建边界)按钮，删除之前的两个半边翅膀图形，如图5-4所示。

图5-2　绘制半个翅膀轮廓　　　　图5-3　复制图形　　　　图5-4　创建边界

04 → 使用 ▧(形状工具)单击翅膀顶部，在属性栏中单击 ▧(断开曲线)按钮，此时会将路径断开，效果如图5-5所示。

05 → 使用同样的方法断开右边翅膀的路径，效果如图5-6所示。

图5-5　断开左边翅膀的路径　　　　　　　图5-6　断开右边翅膀的路径

06 → 执行菜单中的"对象">"拆分"命令或按快捷键Ctrl+K，选择上面的路径将轮廓填充为蓝色，将下面的路径轮廓填充为红色，效果如图5-7所示。

07 → 使用 ▧(调和工具)在下面的轮廓上按住鼠标向上面的轮廓拖动，使其产生调和效果，如图5-8所示。

图5-7　调整路径的颜色　　　　　　　图5-8　调和效果

08 → 在属性栏中设置调和对象的步长值为50，再单击 ▧(逆时针调和)按钮，效果如图5-9所示。

09 → 使用 ▧(椭圆形工具)在蝴蝶上面绘制椭圆轮廓，如图5-10所示。

10 → 使用 ▧(轮廓图工具)在椭圆轮廓边缘向中心拖动，使其产生交互效果，如图5-11所示。

图5-9　逆时针调和效果

图5-10　绘制椭圆轮廓

11 → 　使用 (钢笔工具)绘制触角，再使用 (椭圆形工具)绘制正圆，完成本例的制作，最终效果如图5-12所示。

图5-11　交互式调和效果

图5-12　最终效果

案例27　扭曲变形：小精灵

教学视频

　　本案例的目的是让读者了解在CorelDRAW中使用变形工具对图形进行变形的方法，图5-13为其制作流程图。

图5-13　制作流程图

案例　重点

- 使用多边形工具
- 使用变形工具添加变形
- 转换为曲线

- 使用形状工具调整形状
- 使用透明度工具

案例 步骤

01 → 执行菜单中的"文件" > "新建"命令，新建一个空白文档。使用◎(多边形工具)在文档中绘制三角形并将其填充为橘色，如图5-14所示。

02 → 选择◎(变形工具)，在属性栏中单击⊠(扭曲变形)按钮，在三角形上按住鼠标左键进行顺时针旋转，如图5-15所示。

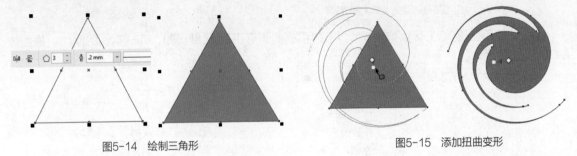

图5-14　绘制三角形　　　　　　　　　　　图5-15　添加扭曲变形

提示

使用◎(变形工具)对图形进行变形时，主要可以分为推拉变形、拉链变形和扭曲变形，不同的变形工具产生的效果也是不同的，变形效果如图5-16所示。

图5-16　变形效果

03 → 使用◎(椭圆形工具)在变形图形中绘制白色正圆，如图5-17所示。

04 → 按快捷键Ctrl+Q将圆形转换为曲线。使用⬚(形状工具)拖动节点改变该圆的形状，如图5-18所示。

05 → 使用同样的方法绘制另一只眼睛，并绘制黑色眼球，效果如图5-19所示。

图5-17　绘制正圆　　　　图5-18　改变形状　　　　　　　图5-19　绘制眼睛

06 → 使用◎(椭圆形工具)绘制椭圆形嘴，将其转换为曲线后再调整形状，效果如图5-20所示。

07 → 使用 ✎(贝塞尔工具)绘制牙齿，使用 ◎(椭圆形工具)绘制黑色鼻孔，效果如图5-21所示。

图5-20　绘制嘴

图5-21　绘制牙齿和鼻孔

08 → 绘制椭圆高光并调整形状，如图5-22所示。

09 → 选择 ▦(透明度工具)，在其属性栏中设置"透明度类型"为"均匀透明度"，完成本例的制作，最终效果如图5-23所示。

图5-22　绘制椭圆高光

图5-23　最终效果

案例28　顺时针调和：线条组合

教学视频

本案例的目的是让读者了解在CorelDRAW中通过调和工具对所绘制的线条进行顺时针调和的方法，图5-24为其制作流程图。

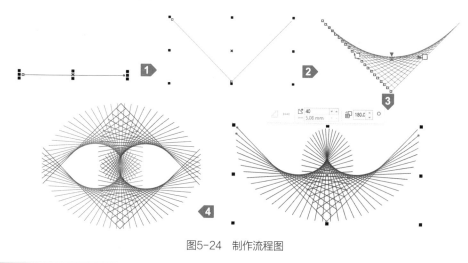

图5-24　制作流程图

案例 重点

- 使用手绘工具
- 使用调和工具
- 群组
- 镜像

案例 步骤

01 → 执行菜单中的"文件"＞"新建"命令，新建一个空白文档。使用 ✐(手绘工具)在文档中绘制直线，复制该直线后旋转90°并移动至两条直线相连接的位置，全选两条直线旋转315°，如图5-25所示。

图5-25　绘制直线

02 → 使用 (调和工具)选中其中的一条线，按住鼠标左键移动至另一条线上，得到调和效果，如图5-26所示。

图5-26　调和效果

03 → 在属性栏中设置调和对象的步长值为40，"角度"为180°，效果如图5-27所示。

04 → 在属性栏中单击 (顺时针调和)按钮，效果如图5-28所示。

图5-27　设置调和参数　　　　　　　　　图5-28　选择顺时针调和

05 → 框选调和对象，按快捷键Ctrl+G群组对象，创建一个副本，单击 (垂直镜像)按钮，如图5-29所示。

06 → 移动镜像后的图形，调整至相应的位置，至此本例制作完毕，最终效果如图5-30所示。

图5-29　创建对象副本

图5-30　最终效果

案例29 透镜：凸显局部

教学视频

本案例的目的是让读者了解在CorelDRAW中通过"透镜"泊坞窗对图像进行局部处理的方法，图5-31为其制作流程图。

图5-31　制作流程图

案例 重点

- 使用"图像调整实验室"功能
- 使用"透镜"泊坞窗
- 使用透明度工具

案例 步骤

01 → 执行菜单中的"文件"＞"新建"命令，新建一个空白文档。导入附赠资源中的"素材\第5章\人物"素材，如图5-32所示。

02 → 执行菜单中的"编辑"＞"克隆"命令，得到一个图像副本，将副本与主图重叠，再执行菜单中的"效果"＞"调整"＞"图像调整实验室"命令，打开"图像调整实验室"对话框，设置其中的参数，如图5-33所示。

图5-32　导入素材

图5-33　"图像调整实验室"对话框

03 → 设置完毕后单击OK按钮，效果如图5-34所示。

04 → 选择▨(透明度工具)，在属性栏中设置"透明度类型"为"椭圆形渐变透明度"、"合并模式"为"饱和度"，如图5-35所示。

图5-34 调整去色效果

图5-35 设置渐变透明度效果

05 → 拖动透明控制点，调整至人物的嘴巴处，效果如图5-36所示。

06 → 使用◯(椭圆形工具)在人物的脸上绘制一个轮廓为黄色、填充为白色的正圆，如图5-37所示。

图5-36 调整透明控制点

图5-37 绘制正圆

07 → 执行菜单中的"效果">"透镜"命令，打开"透镜"泊坞窗，设置其中的参数，如图5-38所示。

08 → 将放大后的区域移动至人物的一边，效果如图5-39所示。

图5-38 "透镜"泊坞窗

图5-39 移动放大的图像区域

09 → 绘制一个圆形，并使用▨(手绘工具)绘制连接线，至此本例制作完毕，效果如图5-40所示。

知识 拓展

在CorelDRAW中，通过"透镜"泊坞窗可以使绘制的图形与后面的图像产生特殊效果，如图5-41为"透镜"泊坞窗，图5-42为原图与应用透镜后的对比效果。

图5-40 最终效果

图5-41 "透镜"泊坞窗

图5-42 应用透镜效果

图5-42 应用透镜效果(续)

案例30 轮廓图工具：轮廓字

教学视频

本案例的目的是让读者了解在CorelDRAW中使用轮廓图工具制作外轮廓的方法。图5-43为轮廓字制作流程图。

图5-43 制作流程图

案例　重点

- 输入文字
- 使用轮廓图工具
- 设置外部轮廓
- 填充外部轮廓色

案例　步骤

01 → 执行菜单中的"文件">"新建"命令，新建一个空白文档。使用 🔡 (文本工具)在文档中输入文字，如图5-44所示。

02 → 使用 🔲 (轮廓图工具)在文字边缘处向外拖动使其产生轮廓图的效果，如图5-45所示。

在文字边缘
向外拖动

图5-44　输入文字　　　　　　　　　　　　　图5-45　添加轮廓图

03 → 轮廓产生之后在属性栏中设置"轮廓图步长"为2、"轮廓图偏移"为7，参数设置如图5-46所示。

04 → 在属性栏中设置填充色为蓝色、轮廓色为黑色，效果如图5-47所示。

图5-46　设置轮廓参数　　　　　　　　　　　图5-47　设置轮廓色

05 → 轮廓制作完毕后，将应用轮廓后的文字填充为白色，设置其中的参数，如图5-48所示。

06 → 至此本例制作完毕，最终效果如图5-49所示。

图5-48　填充文字的颜色　　　　　　　　　　图5-49　最终效果

案例31 新路径：描边字

教学视频

本案例的目的是让读者了解在CorelDRAW中使用 （调和工具)将调和后的对象应用到文字路径上。图5-50为描边字制作流程图。

图5-50 制作流程图

案例 重点

- 简化图形
- 使用调和工具
- 新路径
- 路径选项

案例 步骤

01 → 执行菜单中的"文件">"新建"命令，新建一个空白文档。使用 (文本工具)在文档中输入文字，再执行菜单中的"对象">"拆分"命令，将文字拆分，如图5-51所示。

02 → 选择字母O将其删除，在工具箱中选择 (常见形状工具)，在属性栏中打开形状下拉菜单，选择心形，在页面中绘制心形并填充为黑色，如图5-52所示。

图5-52 绘制形状并填充黑色

图5-51 输入文字并拆分

03 → 在按住Shift键将图形缩小的同时单击，复制一个小图形，将其填充为黄色，如图5-53所示。

04 → 框选两个心形，单击属性栏中的 (简化)按钮，如图5-54所示。

图5-53 缩小并复制图形

图5-54 简化图形

081

05 → 选择小心形将其删除，将简化后的空心心形移动至文字中，如图5-55所示。

06 → 全选文字和心形，右击"颜色"泊坞窗中的黑色色块，单击☒(无填充)色块，执行菜单中的"对象">"合并"命令，得到图5-56所示的效果。

图5-55　移动图形　　　　　　　　　　　　　　　图5-56　合并图形

07 → 在文档的另一处绘制一个正圆，使用☒(交互式填充工具)为圆形填充从红色到白色的椭圆形渐变，效果如图5-57所示。

08 → 取消圆形的轮廓，复制一个渐变小球，并移动至另一处，将小球的渐变颜色设置为从蓝色到白色，如图5-58所示。

图5-57　填充渐变色　　　　　　　　　　　　图5-58　复制小球并更换颜色

09 → 使用☒(调和工具)在两个小球上拖动，使其产生调和效果，如图5-59所示。

10 → 在属性栏中单击☒(路径属性)按钮，在下拉菜单中选择"新建路径"选项，此时会出现一个箭头，将其移动至文字路径上，如图5-60所示。

图5-59　调和图形　　　　　　　　　　　　　　图5-60　创建新路径

11 → 使用箭头在路径上单击，此时发现调和后的小球会依附到文字的路径上，效果如图5-61所示。

12 → 在属性栏中设置调和对象的步长值为300，效果如图5-62所示。

图5-61　小球依附于路径上　　　　　　　　图5-62　设置调和对象步长值

13 → 在属性栏中单击☒(更多调和选项)按钮，在下拉菜单中选择"沿全路径调和"和"旋转全部对象"选项，效果如图5-63所示。

14 → 在属性栏中单击☒(逆时针调和)按钮，效果如图5-64所示。

15 → 至此本例制作完毕，最终效果如图5-65所示。

图5-63　调和选项1

图5-64　调和选项2

图5-65　最终效果

案例32 交互式填充工具：水晶按钮

本案例的目的是让读者了解在CorelDRAW中使用 (交互式填充工具)和 (调和工具)制作网页中的水晶按钮，图5-66为其制作流程图。

教学视频

图5-66　制作流程图

案例　重点

- 使用矩形工具　　● 渐变填充　　● 使用调和工具　　● 使用透明度工具

案例　步骤

01 → 执行菜单中的"文件">"新建"命令，新建一个空白文档。导入附赠资源中的"素材\第5章\按钮素材"，如图5-67所示。

02 → 使用▢(矩形工具)在素材上绘制矩形，如图5-68所示。

03 → 在工具箱中选择◈(交互式填充工具)，打开"编辑填充"对话框，设置其中的参数，如图5-69所示。

图5-67　导入素材

图5-68　绘制矩形

04 → 设置完毕后单击OK按钮，效果如图5-70所示。

05 → 在大矩形的左面绘制一个竖长小矩形，选择◈(交互式填充工具)，打开"编辑填充"对话框，设置其中的参数，如图5-71所示，设置完毕后单击OK按钮完成渐变填充。

图5-69　"编辑填充"对话框

图5-70　渐变填充效果

06 → 复制小矩形，并粘贴至大矩形的右面，如图5-72所示。

07 → 使用◈(调和工具)在两个小矩形上拖动，使其产生调和效果，如图5-73所示。

图5-71　"编辑填充"对话框

图5-72　复制小矩形

08 → 在属性栏中设置"调和对象"的步长值为5，效果如图5-74所示。

09 → 使用▢(矩形工具)在两个小矩形之间绘制一个矩形，选择◈(交互式填充工具)，打开"编辑填充"对话框，设置其中的参数，如图5-75所示。设置完毕后单击OK按钮完成渐变填充。

图5-73 调和效果

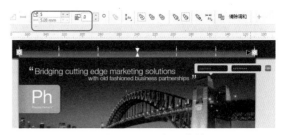

图5-74 设置调和参数

10 → 使用▢(矩形工具)在大矩形上面绘制一个白色矩形，如图5-76所示。

图5-75 渐变填充

图5-76 绘制矩形

11 → 使用▨(透明度工具)在白色矩形上从上向下拖动鼠标添加透明效果，如图5-77所示。

12 → 使用字(文本工具)在矩形上输入文字，至此本例制作完毕，最终效果如图5-78所示。

图5-77 渐变透明

图5-78 最终效果

案例33 通道混合器：炫彩字

教学视频

本案例的目的是让读者了解在CorelDRAW中使用"颜色平衡"和"通道混合器"命令调整图像色调，再通过图框精确剪裁命令将图像放置到文字容器内，图5-79为其制作流程图。

图5-79 制作流程图

案例 **重点**

- 应用"颜色平衡"命令
- 通道混合器
- 图框精确剪裁
- 使用立体化工具
- 使用阴影工具

案例 **步骤**

01 → 执行菜单中的"文件">"新建"命令，新建一个空白文档。导入附赠资源中的"素材\第5章\发光2"素材，如图5-80所示。

02 → 执行菜单中的"效果">"调整">"颜色平衡"命令，打开"颜色平衡"对话框，设置其中的参数，如图5-81所示。

03 → 设置完毕后单击OK按钮，效果如图5-82所示。

图5-80　导入素材　　　　　图5-81　"颜色平衡"对话框　　　　　图5-82　颜色平衡效果

04 → 执行菜单中的"效果">"调整">"通道混合器"命令，打开"通道混合器"对话框，设置其中的参数，如图5-83所示。

05 → 设置完毕后单击OK按钮，效果如图5-84所示。

图5-83　"通道混合器"对话框　　　　　图5-84　通道混合器效果

06 → 使用字(文本工具)在文档中输入文字，清除文字的填充色，将轮廓设置为黑色，如图5-85所示。

07 → 选择"发光2"素材，执行菜单中的"对象">"PowerClip">"置于图文框内部"命令，此时使用箭头在文字上单击，效果如图5-86所示。

图5-85　输入文字　　　　　　　　　图5-86　选择容器

08 → 单击鼠标后，执行菜单中的"对象">"PowerClip">"编辑PowerClip"命令，将"发光2"素材移动至文字相应区域，效果如图5-87所示。

09 → 编辑完毕后，执行菜单中的"对象">"PowerClip">"完成编辑PowerClip"命令，完成编辑后得到如图5-88所示的效果。

图5-87 编辑内容

图5-88 完成编辑

10 → 使用 (立体化工具)在文字上向下拖动产生立体化效果，如图5-89所示。

11 → 在属性栏中设置立体化颜色，在下拉菜单中单击选中 (使用递减的颜色)按钮，设置"从"的颜色为灰色、"到"的颜色为橘色，如图5-90所示。

图5-89 立体化效果

图5-90 立体化颜色

12 → 使用 (矩形工具)在文档中绘制矩形，选择该矩形，在工具箱中选择 (交互式填充工具)，打开"编辑填充"对话框，设置其中的参数，如图5-91所示，设置完毕后单击OK按钮，完成填充后取消矩形的轮廓。

设置左侧的颜色为(C:40 M:0 Y:20 K:40)，右侧的颜色为(C:20 M:20 Y:0 K:0)

图5-91 渐变填充效果

13 → 按快捷键Ctrl+C复制，再按快捷键Ctrl+V粘贴，复制一个矩形副本，将副本缩小，在工具箱中选择 (交互式填充工具)，打开"编辑填充"对话框，设置其中的参数，如图5-92所示，设置完毕后单击OK按钮，完成填充。

14 → 将文字移动至渐变矩形背景上，效果如图5-93所示。

设置左侧的颜色为(C:40 M:0 Y:20 K:40)，右侧的颜色为(C:20 M:20 Y:0 K:0)

图5-92　设置渐变色并填充

15 → 使用 (阴影工具)在文字的底部向下拖动产生阴影效果，如图5-94所示。

16 → 添加阴影后完成本例的制作，最终效果如图5-95所示。

图5-93　移动文字　　　　　　图5-94　阴影效果　　　　　　图5-95　最终效果

案例34　立体化工具：齿轮

教学视频

　　本案例的目的是让读者了解在CorelDRAW中如何使用 (立体化工具)将平面图形转换为立体效果，图5-96为其制作流程图。

图5-96　制作流程图

案例　重点

● 使用矩形工具　　● 使用椭圆形工具　　● 旋转变换　　● 使用立体化工具

案例　步骤

01 → 执行菜单中的"文件">"新建"命令，新建一个空白文档。使用 (椭圆形工具)和 (矩形工具)在文档中绘制正圆和圆角矩形，如图5-97所示。

02 → 选择圆角矩形，执行菜单中的"窗口">"泊坞窗">"变换"命令，打开"变换"泊坞窗，选择"旋转"按钮，设置其中的参数，如图5-98所示。

图5-97　绘制正圆与圆角矩形　　　　　　　图5-98　"变换"泊坞窗

03 → 框选所有图形，执行菜单中的"对象">"造型">"合并"命令，将圆角矩形与圆形结合为一个整体，效果如图5-99所示。

04 → 将结合后的图形填充为灰色，取消轮廓，如图5-100所示。

05 → 使用 🔲(立体化工具)在结合后的图形上拖动，为其添加立体化效果，设置"深度"为5，效果如图5-101所示。

图5-99　结合效果　　　　　图5-100　填充灰色　　　　　图5-101　立体化效果

06 → 在属性栏中设置立体化颜色，在下拉菜单中单击选中 🔲(使用递减的颜色)按钮，设置"从"的颜色为淡灰色、"到"的颜色为深灰色，如图5-102所示。

07 → 在属性栏中单击 🔲(立体化倾斜)按钮，在下拉菜单中勾选"使用斜角"复选框，效果如图5-103所示。

图5-102　立体化颜色　　　　　　　　　图5-103　倾斜

08 → 至此本例制作完毕，最终效果如图5-104所示。

图5-104　最终效果

本章练习

练习

1. 练习将圆形与矩形进行交互式调和。

2. 使用变形工具对绘制的多边形进行变形拖动。

习题

1. 编辑3D文字时，怎样得到能够在三维空间内旋转3D文字的角度控制框？（　　）

　　A. 利用"选择工具"单击3D文字

　　B. 利用"立体化工具"单击3D文字

　　C. 利用"立体化工具"双击3D文字

　　D. 利用"立体化工具"先选中3D文字，然后再单击

2. 如下图所示，对象A应用了交互式变形效果，如果对象B也想复制A的变形属性，该如何操作？（　　）

A　　　　　　　　B

　　A. 同时选择对象A和对象B，然后单击属性栏中的"复制变形属性"按钮

　　B. 先选择对象A，再选择对象B，最后单击属性栏中的"复制变形属性"按钮

　　C. 先选择对象B，再选择对象A，最后单击属性栏中的"复制变形属性"按钮

　　D. 先选择对象B，再单击属性栏中的"复制变形属性"按钮，最后选择对象A

3. 在使用 (调和工具)制作调和对象时，两个相调和的对象间最多允许有多少个中间过渡对象？（　　）

　　A. 1000　　　　　　B. 999　　　　　　　C. 99　　　　　　　D. 100

第6章

海报设计

海报设计的主要技术要求是作品必须有相当强的号召力与艺术感染力，要调动形象、色彩、构图、形式感等因素，形成强烈的视觉效果。本章精心制作了科幻电影海报、音乐会海报、商场促销海报三个案例，通过案例形式来展现海报设计的相关知识。

海报的画面应有较强的视觉中心，力求新颖，还必须具有独特的艺术风格和设计特点。当前流行的制作方法是在计算机上通过相关设计软件实现海报的表达意图。

表现形式

● 店内海报设计：店内海报通常应用于营业店面内，用于店内装饰和宣传。店内海报的设计需要考虑到店内的整体风格、色调及营业的内容，力求与环境相融合，如图6-1所示。

图6-1 店内海报

● 招商海报设计：招商海报通常以商业宣传为目的，采用引人注目的视觉效果达到宣传某种商品或服务的目的。设计是要表现商业主

题，突出重点，不宜太花哨。

● 展览海报设计：展览海报主要用于宣传展览会，常被用在影剧院、展览会、商业区、车站、码头、街道、公园等公共场所。它具有传播信息的作用，涉及内容广泛，艺术表现力丰富，远视效果强。

● 平面海报设计：平面海报设计不同于其他海报设计，它是单体的、独立的一种海报广告形式，往往需要更多的抽象表达。设计平面海报时没有限定的规则，可以是随意的一笔，只要能表达出宣传的主体即可。平面海报设计成本低、观赏力强，受到广告界的青睐，如图6-2所示。

图6-2 平面海报

设计步骤

(1) 设计海报的目的是什么？

(2) 目标受众是谁？

(3) 受众的接受方式怎么样？

(4) 其他同类型的海报怎么样？

(5) 此海报的表现策略是什么？

(6) 创意点是什么？

(7) 表现手法是什么？

(8) 如何与宣传内容相结合？

设计要素

(1) 充分的视觉冲击力，可以通过图像和色彩来实现。

(2) 海报表达的内容要精练，抓住主要诉求点。

(3) 内容不可过多，突出主体亮点，抓住观看者的欣赏习惯。

(4) 一般以图片为主，文案为辅。

(5) 主题字体醒目。

海报的种类

海报按其用途不同大致可以分为商业海报、文化海报、电影海报和公益海报等，下面进行简单介绍。

商业海报

商业海报是指宣传商品或商业服务的广告性海报。这种海报在设计时，要恰当地配合产品的格调和受众对象。

文化海报

文化海报是指各种社会文娱活动及各类展览的宣传海报。展览的种类很多，不同的展览都有其各自的特点。设计师需要了解展览和活动的内容，才能运用恰当的方法进行表现。

电影海报

电影海报主要起到吸引观众注意、刺激电影票房收入的作用，与戏剧海报、文化海报等类似，如图6-3所示。

图6-3　电影海报

公益海报

公益海报是带有一定思想性的，其具有特定的对公众的教育意义，如图6-4所示。海报主题包括各种社会公益、道德的宣传，或政治思想的宣传，弘扬爱心奉献、共同进步的精神等。

图6-4　公益海报

海报的特点

尺寸大

海报一般张贴于公共场所，会受到周围环境和各种因素的干扰，所以必须以大画面及突出的形象和色彩展现在人们面前。其画面尺寸有全开、对开、长三开及特大画面(八张全开)等。

远视强

为了使来去匆忙的人们留下视觉印象，

除了尺寸大之外，海报设计还要充分体现定位设计的原理，以突出的商标、标志、标题、图形，或对比强烈的色彩，或大面积的空白，或简练的视觉流程使海报成为视觉焦点，并且具有广告典型的特征。

艺术性高

海报包括商业海报和非商业海报两大类。其中，商业海报的表现形式以具体艺术表现力的摄影、造型写实的绘画或漫画形式表现为主，给消费者留下真实感人的画面和富有幽默情趣的感受。

而非商业海报内容广泛，形式多样，艺术表现力丰富。特别是文化艺术类的招贴画，根据广告主题可以充分发挥想象力，尽情施展艺术手段。许多追求形式美的画家都积极投身到招贴画的设计中，并且在设计中运用自己的绘画语言，设计出风格各异、形式多样的招贴画。

注意事项

(1) 海报一定要真实、具体地写明活动的地点、时间及主要内容，文中可以用些夸张的词语，但不可夸大事实。

(2) 海报文字要求简洁明了，篇幅要短小精悍。

(3) 海报的版式可以做些艺术性的处理，以吸引观众。

操作软件

海报设计一般要用到以下软件：

(1) 位图图像处理软件Photoshop等。

(2) 矢量图形绘制软件CorelDRAW、Illustrator等。

案例35 科幻电影海报

教学视频

本案例的目的是让读者了解在CorelDRAW中各个工具和命令相结合制作科幻电影海报的方法。图6-5为海报制作流程图。

图6-5 制作流程图

案例 重点

● 使用透明度工具混合多个素材

- 转换为位图
- 使用轮廓图工具调整文字扩展
- 使用PowerCilp剪裁将图像嵌入文字中

案例 **步骤**

制作海报背景

01 → 执行菜单中的"文件">"新建"命令，新建一个空白文档。导入本例需要用到的素材"奔、飞碟、科幻景象、喷泉、月球2、蜘蛛和蜘蛛人"，如图6-6所示。

02 → 使用 ▣ (选择工具)选择"科幻景象"素材，按快捷键Ctrl+End将其放置到最下层。将"月球2"素材拖动至"科幻景象"素材的上面，执行菜单中的"对象">"对齐与分布">"在页面居中"命令，将两个图像堆叠在一起，如图6-7所示。

奔.jpg　　　飞碟.png　　　科幻景象.jpg　　　喷泉.jpg

月球2.jpg　　　蜘蛛.jpg　　　蜘蛛人.png

图6-6　导入素材

图6-7　移动并对齐

03 → 选择"月球2"素材，使用 ▣ (透明度工具)，在属性栏中选择"渐变透明度"，设置"透明度类型"为"椭圆形渐变透明度"，单击 ▣ (编辑透明度)按钮，如图6-8所示。

图6-8　设置透明属性

04 → 单击 ▣ (编辑透明度)按钮后，系统会打开"编辑透明度"对话框，设置其中的参数，如图6-9所示。

05 → 设置完毕后单击OK按钮，效果如图6-10所示。

06 → 拖动外围白色的控制点向内缩小渐变范围，使效果更加完善，如图6-11所示。

拖动可改变渐变位置

图6-9　"编辑透明度"对话框

图6-10　渐变透明效果

向内拖动可改变渐变位置

图6-11　编辑透明范围

技巧

在"颜色"泊坞窗中选择颜色后，按住鼠标左键向渐变颜色中的色标上拖动，松开鼠标按键后，能够改变控制渐变的颜色，如图6-12所示。

图6-12　编辑渐变颜色

07 → 使用 (选择工具)将"喷泉"素材移动至"月亮2"素材上面，按P键将"喷泉"素材在页面上居中，如图6-13所示。

08 → 使用 (透明度工具)在"喷泉"素材上从下向上拖动，创建线性渐变透明，效果如图6-14所示。

09 → 拖动渐变控制点，改变渐变透明的位置，效果如图6-15所示。

图6-13　移动素材

图6-14　线性渐变透明

图6-15　调整渐变位置

10 → 对渐变透明编辑完毕后，使用 (矩形工具)在图像上绘制一个矩形，在"颜色"泊坞窗中单击黑色色块，如图6-16所示。

11 → 使用 (透明度工具)在黑色矩形底部向上拖动创建线性渐变透明，效果如图6-17所示。

图6-16　绘制黑色矩形

图6-17　渐变透明效果

12 → 使用 (选择工具)将"奔"素材移动至黑色矩形上面，拖动控制点调整其大小，与背景图像宽度保持一致，将底部与后面的图像底部对齐，如图6-18所示。

13 → 使用 (透明度工具)在"奔"底部向上拖动创建线性渐变透明，使图像与背景效果相融合，效果如图6-19所示。

拖动

图6-18 移动并调整大小

图6-19 调整渐变透明

14 → 使用◯(椭圆形工具)在文档中绘制黑色小圆点，移动后右击复制，直到复制多个为止，效果如图6-20所示。

15 → 框选所有小圆点，执行菜单中的"位图">"转换为位图"命令，打开"转换为位图"对话框，设置其中的参数，如图6-21所示。

16 → 设置完毕后单击OK按钮，转换为位图后的效果如图6-22所示。

复制

图6-20 绘制小圆点

17 → 执行菜单中的"效果">"模糊">"缩放"命令，打开"缩放"对话框，设置其中的参数，如图6-23所示。

18 → 设置完毕后单击OK按钮，效果如图6-24所示。

图6-21 "转换为位图"对话框　　图6-22 转换为位图　　图6-23 "缩放"对话框　　图6-24 缩放效果

19 → 使用▶(选择工具)将缩放后的图像移动至背景图上，效果如图6-25所示。

20 → 选择▦(透明度工具)，在属性栏中设置"透明度类型"为"椭圆形渐变透明度"、"合并模式"为"反转"，单击▦(编辑透明度)按钮，效果如图6-26所示。

图6-25 移动图像

图6-26 设置渐变透明

21 → 单击▨(编辑透明度)按钮后，打开"编辑透明度"对话框，设置其中的参数，如图6-27所示。

22 → 设置完毕后单击OK按钮，效果如图6-28所示。

23 → 按快捷键Ctrl+PgDn两次改变对象的顺序，至此本例中的背景部分制作完毕，效果如图6-29所示。

图6-27　"编辑透明度"对话框

图6-28　渐变透明效果

图6-29　科幻电影海报背景

调整海报主角

01 → 使用▨(选择工具)将"蜘蛛人"素材移动至背景上面，如图6-30所示。

02 → 使用▨(选择工具)将"飞碟"素材移动至背景上面，如图6-31所示。

03 → 在"飞碟"素材上单击，将缩放调整框变为旋转与斜切调整框，拖动控制点将素材进行旋转，如图6-32所示。

图6-30　添加主角1

04 → 将"飞碟"素材拖动至另一位置后，右击复制一个副本，单击后调出旋转与斜切调整框旋转图像，如图6-33所示。

05 → 复制两个副本移动至相应位置将其缩小，在画面中产生近大远小的效果，至此主角部分制作完毕，如图6-34所示。

图6-31　添加主角2

图6-32　旋转

图6-33　复制旋转

图6-34　主角制作效果

制作海报文字部分

01 → 使用▨(文本工具)在文档中输入文字，选择一个自己喜欢并且与背景相符合的字体，如图6-35所示。

02 → 选择下面的大文字，使用▨(轮廓图工具)在文字边缘处向外拖动，使其产生轮廓图效果，如图6-36所示。

图6-35　输入文字

图6-36　轮廓图效果

03 → 在属性栏中设置"轮廓图步长"为2、"轮廓图偏移"为1，设置填充颜色为浅绿色，如图6-37所示。

04 → 选择上面的小文字，使用◻(轮廓图工具)在文字边缘处向外拖动，使其产生轮廓图效果，设置"轮廓图步长"为2、"轮廓图偏移"为0.5，设置填充颜色为浅绿色，如图6-38所示。

图6-37　设置轮廓图

图6-38　添加轮廓图

05 → 框选大文字，执行菜单中的"对象">"打散轮廓图群组"命令，将文字与轮廓分开，选择"蜘蛛"素材，按住鼠标右键将图像向文字上拖动，如图6-39所示。

06 → 松开鼠标按键，此时会弹出图6-40所示的快捷菜单，选择"PowerCilp内部"命令。

图6-39　移动

图6-40　选择命令

07 → 图像会被放置到文字容器内，如图6-41所示。

08 → 按住Ctrl键单击文字，此时会对容器内的图像进行编辑，将图像移动至相应位置，如图6-42所示。

图6-41　将图像放置到文字容器内

图6-42　移动图像

09 → 编辑完成后，按住Ctrl键在文档空白处单击，系统会完成编辑，效果如图6-43所示。

10 → 使用◻(阴影工具)在文字上向外拖动使其产生阴影效果，如图6-44所示。

图6-43　完成编辑

图6-44　阴影效果

⓫ → 框选所有文字，将其移动至背景图像上，如图6-45所示。

⓬ → 单击调出旋转与斜切调整框，拖动控制点将文字进行旋转与斜切处理，效果如图6-46所示。

⓭ → 使用▥(文本工具)在添加轮廓图的文字下面输入说明文字，至此该案例制作完毕，最终效果如图6-47所示。

图6-45　移动图像　　　　图6-46　旋转与斜切　　　　图6-47　最终效果

案例36　音乐会海报

教学视频

本案例的目的是让读者了解在CorelDRAW中各个工具和命令相结合制作音乐会海报的方法。图6-48为海报制作流程图。

图6-48　制作流程图

案例　重点

● 交互式填充制作矩形辐射渐变
● 使用透明度工具混合图像
● 快速描摹
● 使用PowerCilp剪裁将图像嵌入矩形中

● 通过"旋转"命令旋转复制
● 插入字形
● 使用轮廓图工具调整文字扩展

案例　步骤

制作海报背景

01 → 执行菜单中的"文件">"新建"命令，新建一个空白文档。使用▢(矩形工具)在文档中绘制一个"宽度"为190mm、"高度"为270mm的矩形，如图6-49所示。

02 → 选中绘制的矩形，选择工具箱中的▨(交互式填充工具)，打开"编辑填充"对话框，设置其中的参数，如图6-50所示。

03 → 设置完毕后单击OK按钮，效果如图6-51所示。

图6-49　绘制矩形　　　　图6-50　"编辑填充"对话框　　　　图6-51　填充渐变色

04 → 使用▢(矩形工具)在文档中绘制一个长方形，填充为白色，如图6-52所示。

05 → 选择▨(封套工具)，在属性栏中单击▢(直线模式)按钮，拖动控制点将矩形变为梯形效果，如图6-53所示。

06 → 使用▨(选择工具)单击梯形调出旋转与斜切调整框后，将旋转中心点移动至最右边，如图6-54所示。

图6-52　绘制矩形　　　　　图6-53　调整封套　　　　　图6-54　改变旋转中心点

07 → 执行菜单中的"窗口">"泊坞窗">"变换"命令，打开"变换"泊坞窗，选中"旋转"按钮，设置其中的参数，如图6-55所示，单击"应用"按钮数次直到旋转一周为止。

08 → 框选所有旋转复制的矩形，执行菜单中的"对象">"造型">"合并"命令，将对象合并为一个整体，如图6-56所示。

图6-55　旋转复制　　　　　　　　　　　　　　图6-56　调整形状

09 → 执行菜单中的"对象">"PowerCilp">"置于图文框内部"命令，此时会出现一个箭头，使用该箭头在渐变矩形上单击，如图6-57所示。

10 → 单击鼠标，此时会将旋转图形放置到矩形内，执行菜单中的"对象">"PowerCilp">"编辑PowerCilp"命令，进入编辑状态后，将旋转图形移动至矩形内部，如图6-58所示。

图6-57　放置在容器内

图6-58　编辑内容

11 → 选择▨(透明度工具)，在属性栏中设置"透明度类型"为"均匀透明度"、"合并模式"为"常规"、"透明度"为82，取消图形轮廓，如图6-59所示。

12 → 执行菜单中的"对象">"PowerCilp">"完成编辑PowerCilp"命令，完成编辑，如图6-60所示。

13 → 执行菜单中的"文本">"字形"命令，打开"字形"泊坞窗，设置其中的参数，如图6-61所示。将选择图形拖动至文档中，将其填充为黑色。

图6-59　编辑内容

图6-60　结束编辑

图6-61　插入字符

14 → 复制多个对象，执行菜单中的"对象">"造型">"合并"命令，将对象变为一个整体，如图6-62所示。

15 → 将图形移动至背景上，选择▨(封套工具)，在属性栏中单击▨(非强制模式)按钮，拖动控制点改变封套形状，如图6-63所示。

图6-62　合并对象

16 → 选择▨(透明度工具)，在属性栏中设置"透明度类型"为"均匀透明度"、"合并模式"为"如果更暗"、"透明度"为69，至此背景部分制作完毕，效果如图6-64所示。

图6-63　封套

图6-64　背景效果

制作海报主角

01 → 导入本例对应的所有素材"音乐人、乐器1、乐器2、乐器3和乐器4"，如图6-65所示。

101

图6-65　素材

02 → 选择"音乐人"素材，执行菜单中的"位图">"快速描摹"命令，将位图进行描摹处理，效果如图6-66所示。

03 → 复制一个副本以备后用，将描摹后的图形填充为黑色，执行菜单中的"对象">"取消全部群组"命令，再执行菜单中的"对象">"结合"命令，得到图6-67所示的效果。

04 → 使用▩(透明度工具)在结合后的图形上从上向下拖动创建线性渐变透明，得到图6-68所示的效果。

图6-66　快速描摹

图6-67　填充黑色并结合

图6-68　渐变透明

05 → 选择导入的乐器，将其移动至背景上并调整大小，效果如图6-69所示。

06 → 执行菜单中的"文本">"字形"命令，打开"字形"泊坞窗，设置其中的参数，如图6-70所示。

图6-69　移入素材

07 → 选择上面复制的音乐人描摹图，将其移动至相应位置，如图6-71所示。

将选中的字符拖动至文档中，填充对应的白色与黑色

图6-70　插入字符

图6-71　移动图形

技巧

快速描摹的图形通常情况下不能应用▩(透明度工具)，因为描摹后的对象数量太多，遇到这种情况最好将其转换为位图，再应用▩(透明度工具)创建透明效果。

08 → 执行菜单中的"位图">"转换为位图"命令，打开"转换为位图"对话框，设置其中的参数，如图6-72所示。

09 → 设置完毕后单击OK按钮，完成矢量图与位图的转换，此时再使用▩(透明度工具)在位图中人物的腰部从上向下拖动创建线性渐变透明，此时主角人物部分制作完毕，效果如图6-73所示。

图6-72　"转换为位图"对话框

图6-73　完成人物区域制作

制作海报文字部分

01 → 使用 ⌷(文本工具)在文档的背景图上输入文字，选择一个自己喜欢并且与背景相符的字体，如图6-74所示。

02 → 选择工具箱中的 ◈(交互式填充工具)，打开"编辑填充"对话框，设置其中的参数，如图6-75所示。

03 → 设置完毕后单击OK按钮，效果如图6-76所示。

图6-74　输入文字

图6-75　"编辑填充"对话框

图6-76　渐变填充效果

04 → 选择 ⌷(封套工具)，在属性栏中单击 ◻(直线模式)按钮，拖动控制点将文字变为透视效果，如图6-77所示。

05 → 使用 ◻(轮廓图工具)在文字边缘处向外拖动，使其产生轮廓图效果，在属性栏中设置"轮廓图步长"为2、"轮廓图偏移"为1，设置填充颜色为浅绿色，单击"逆时针轮廓色"按钮，效果如图6-78所示。

图6-77　封套

图6-78　设置轮廓图

06 → 选择文字，按快捷键Ctrl+C复制，再按快捷键Ctrl+V粘贴，得到一个文字副本，将文字填充白色，如图6-79所示。

07 → 选择白色文字，选择 ▨(透明度工具)，在属性栏中设置"透明度类型"为"线性渐变透明度"，再单击 ▨(编辑透明度)按钮，打开"编辑透明度"对话框，设置其中的参数，如图6-80所示。

08 → 设置完毕后单击OK按钮，效果如图6-81所示。

09 → 复制文字，得到一个文字副本，效果如图6-82所示。

10 → 使用 ⌷(文本工具)在复制的文字上单击进入文字的编辑状态，此时会自动进入"编辑文本"对话框，改变文字内容和文字大小，效果如图6-83所示。

图6-79　填充白色

图6-80　"编辑透明度"对话框

图6-81　渐变透明效果

图6-82　复制文字

图6-83 "编辑文本"对话框

11 → 编辑完毕后单击"确定"按钮，完成文字的编辑，效果如图6-84所示。

12 → 使用 （文本工具）输入主角姓名和演出时间，此时文字部分制作完毕，效果如图6-85所示。

图6-84 编辑文字

图6-85 文字部分

制作海报说明部分

01 → 使用 （矩形工具）在背景底部绘制一个绿色矩形，如图6-86所示。

02 → 按快捷键Ctrl+Q将矩形转换为曲线，使用 （形状工具）对曲线进行调整，如图6-87所示。

03 → 复制编辑的曲线，将其填充为淡绿色，效果如图6-88所示。

图6-86 绘制矩形

图6-87 编辑曲线

图6-88 复制并填充

04 → 绘制3个紫色的圆角矩形，效果如图6-89所示。

05 → 此时输入其他相应说明文字，效果如图6-90所示。

06 → 复制上面的耳机矢量图，将其填充为从紫色到橘色的渐变，再输入与耳机对应的文字，此时本例制作完毕，最终效果如图6-91所示。

图6-89 绘制圆角矩形

图6-90 输入文字

图6-91 最终效果

案例37 商场促销海报

教学视频

本案例的目的是让读者了解在CorelDRAW中使用各个工具和命令相结合制作商场促销海报。图6-92为海报制作流程图。

图6-92 制作流程图

案例 重点

- 使用矩形工具
- 使用交互式填充工具

- 渐变填充
- 转换为位图

- PowerClip
- 使用透明度工具

案例 步骤

制作海报背景

01 → 执行菜单中的"文件">"新建"命令，新建一个空白文档。使用□(矩形工具)在文档中

105

绘制一个"宽度"为290mm、"高度"为200mm的矩形，如图6-93所示。

02 → 使用 🖋((交互式填充工具)从矩形的右上角向左下角拖动鼠标填充线性渐变色，如图6-94所示。

图6-93 绘制矩形

图6-94 填充渐变色

03 → 在属性栏中单击 🖋(编辑渐变)按钮，打开"渐变填充"对话框，从左向右的颜色依次为灰紫色、紫色、灰紫色。

04 → 设置完毕后单击OK按钮，效果如图6-95所示。

05 → 绘制一个白色正圆，执行菜单中的"对象">"PowerClip">"置于图文框内部"命令，此时会出现一个箭头，使用该箭头在渐变矩形上单击，如图6-96所示。

图6-95 渐变填充

图6-96 置于图文框内部

06 → 单击鼠标，此时会将椭圆形放置到矩形框内，执行菜单中的"对象">"PowerClip">"编辑PowerClip"命令，进入编辑状态后，将旋转图形移动至矩形内部，如图6-97所示。

07 → 选择 🖋(透明度工具)，在属性栏中设置"透明度类型"为"均匀透明度"、"合并模式"为"常规"、"透明度"为87，取消图形轮廓，如图6-98所示。

图6-97 编辑内容　　　　　　　　　　　图6-98 编辑内容

08 → 复制一个椭圆，移动至矩形的下面做成上下对称的效果。执行菜单中的"对象">

"PowerClip">"完成编辑PowerClip"命令，完成编辑，如图6-99所示。

09 → 导入本例用到的"美女"和"纹理"素材，如图6-100所示。

图6-99　完成编辑　　　　　　　　　　　　　图6-100　素材

10 → 使用▣(选择工具)将纹理素材移动至背景上方并调整大小，如图6-101所示。

11 → 选择▣(透明度工具)，在属性栏中设置"透明度类型"为"均匀透明度"、"合并模式"为"亮度"、"透明度"为40，如图6-102所示。

图6-101　移动素材　　　　　　　　　　　　图6-102　设置不透明度

12 → 复制一个纹理副本，将其使用▣(选择工具)移动至矩形的右边，至此本例中的背景部分制作完毕，效果如图6-103所示。

图6-103　背景

> **技巧**
>
> 在背景上如果存在多个对象时，在编辑过程中，如果想选择时不选到背景，可以先将背景锁定，方法是框选背景中的所有对象，执行菜单中的"排列">"锁定对象"命令，即可将选择的对象锁定，再选择时此对象将不会被选中；执行菜单中的"排列">"解除锁定对象"命令，即可取消对象锁定。

制作海报文字部分

01 → 使用▣(文本工具)在文档中的背景图上输入文字，选择一个自己喜欢并且与背景相符合的字体，如图6-104所示。

02 → 选择文字，在工具箱中选择▣(交互式填充工具)，在属性栏中单击▣(渐变填充)按钮，打开"渐变填充"对话框，设置渐变色为青色到淡青色，设置完毕后单击OK按钮，效果如图6-105所示。

03 → 为文字填充渐变后，使用▣(立体化工具)在文字上拖动，此时文字将会变为3D效果，如图6-106所示。

图6-104　输入文字

图6-105　渐变填充效果

图6-106　3D效果

04 → 在立体文字上双击，调出立体旋转变换框，拖动控制点调整文字的三维角度，设置"深度"为10，如图6-107所示。

05 → 在属性栏中单击 (立体化照明)按钮，在下拉菜单中勾选"3"复选框，添加光源，设置参数，如图6-108所示。

图6-107　编辑三维效果

图6-108　编辑光照效果

06 → 在属性栏中单击 (立体化颜色)按钮，在下拉菜单中设置参数，如图6-109所示。

07 → 按快捷键Ctrl+C复制，再按快捷键Ctrl+V粘贴得到一个文字副本，使用 (立体化工具)单击副本文字，在属性栏中单击"清除立体化"按钮，如图6-110所示。

图6-109　编辑立体化颜色

图6-110　清除立体化

08 → 在"颜色"泊坞窗中右击白色，添加白色轮廓，如图6-111所示。

09 → 使用 (透明度工具)在文字左下角向右上角拖动创建线性透明效果，如图6-112所示。

10 → 复制一个文字，将其填充白色，如图6-113所示。

11 → 绘制一个与白色文字相交的圆形，并将文字圆形一同选中，单击属性栏中的 (简化)按钮，效果如图6-114所示。

图6-111　添加轮廓　　　　图6-112　线性透明效果　　　　图6-113　复制背景并填充白色

12 → 将绘制的圆形删除，选择剩余的半个文字，使用█(透明度工具)为其添加均匀透明，效果如图6-115所示。

图6-114　简化　　　　　　　　　　　图6-115　均匀透明效果

13 → 将立体文字一同选中，按快捷键Ctrl+G将其群组，使用█(阴影工具)在群组文字的底部向下拖动，为其添加阴影，效果如图6-116所示。

14 → 选择群组后的文字，按快捷键Ctrl+C复制，再按快捷键Ctrl+V粘贴得到一个副本，单击属性栏中的█(垂直镜像)按钮，将副本移动至相应的位置，效果如图6-117所示。

图6-116　添加阴影　　　　　　　　　　图6-117　翻转

15 → 执行菜单中的"位图">"转换为位图"命令，打开"转换为位图"对话框，设置其中的参数，如图6-118所示。

16 → 设置完毕后单击OK按钮，将对象转换为位图后，使用█(透明度工具)在位图上从上向下拖动添加渐变透明效果，如图6-119所示。

17 → 使用相同的方法制作另外3个立体化文字，得到图6-120所示的效果，此时文字部分制作完毕。

制作海报修饰部分

01 → 选择█(艺术笔工具)，在属性栏中单击█(喷涂)按钮，在"类别"下拉列表中选择"其他"，在"喷射图样"下拉列表中选择"烟花"，如图6-121所示。

图6-118　"转换为位图"对话框

图6-119　渐变透明效果

图6-120　立体化文字

图6-121　选择烟花

02 → 在文档中按住鼠标左键进行拖动绘制喷涂，如图6-122所示。

03 → 按快捷键Ctrl+K对绘制的喷涂进行打散，选择分离后的路径，如图6-123所示。

04 → 按Delete键将选中的路径删除，再按快捷键Ctrl+U取消群组，选择其中的大烟花，如图6-124所示。

图6-122　绘制喷涂

图6-123　打散

图6-124　选择烟花

05 → 将烟花移动至背景上，填充自己喜欢的颜色并调整大小，效果如图6-125所示。

06 → 选择🖉(艺术笔工具)，在属性栏中单击🖉(喷涂)按钮，在"类别"下拉列表中选择"对象"，在"喷射图样"下拉列表中选择"气球"，绘制气球后，选择需要的对象，移动至相应位置上，如图6-126所示。

07 → 在"喷射图样"下拉列表中选择"节日彩带"，绘制对象，如图6-127所示。

图6-125　调整烟花

图6-126 绘制气球

08 → 在"类别"下拉列表中选择"食物"，在"喷射图样"下拉列表中选择"汉堡"，绘制对象，如图6-128所示。

图6-127 绘制彩带

图6-128 绘制食物

09 → 将选中对象移动至合适的位置，完成修饰部分的制作，效果如图6-129所示。

图6-129 修饰部分

制作海报人物部分

01 → 将导入的"美女"素材移动至背景中，效果如图6-130所示。

02 → 由于本例中背景、文字和修饰部分都是矢量图，所以在此也需要将位图进行处理，执行菜单中的"位图">"轮廓描摹">"剪贴画"命令，打开描摹对话框，设置其中的参数，如图6-131所示。

图6-130 移动素材

图6-131 描摹

03 → 设置完毕后单击OK按钮，效果如图6-132所示。

04 → 复制人物，将人物进行垂直翻转，效果如图6-133所示。

图6-132　描摹效果

图6-133　垂直翻转

05→ 使用▨(透明度工具)在翻转人物的脚底向头部拖动创建渐变透明，此时人物部分制作完毕，效果如图6-134所示。

图6-134　人物部分

06→ 剩下部分使用字(文本工具)在背景中输入修饰文字，再复制几个修饰图样移动至文字上，完成本例的制作，最终效果如图6-135所示。

图6-135　最终效果

本章练习

练习制作节水公益海报，要求按照横向A4纸大小，突出节约用水主题。

第7章

插画设计

插画作为现代设计中一种重要的视觉传达形式，以其直观的形象性、真实的生活感和美好的感染力，在现代设计中占有特定的地位。本章精心制作了静夜思、步步高、初秋三个案例，通过案例形式来展现插画设计的相关知识。

插画作为一种艺术形式，被广泛应用于现代设计的多个领域，涉及文化活动、社会公共事业、商业活动、影视文化等方面。

插画的表现形式

● 招贴广告插画：也称为宣传画、海报。在广告主要依赖印刷媒体传递信息的时代，这种类型插画使用非常广泛，如图7-1所示。但随着影视媒体的出现，其应用范围有所缩小。

● 报纸插画：报纸是信息传递的媒介之一。报纸插画成本低廉，发行量大，传播面广，制作周期短。

● 杂志书籍插画：包括封面、封底的设计和正文的插画，广泛被应用于各类书籍，如文学书籍、少儿书籍、科技书籍等。这种插画今后在电子书籍、电子杂志中仍将存在，如图7-2所示。

● 产品包装插画：产品包装使插画的应用更加广泛。产品包装设计包含标志、图形、文字三个要素，如图7-3所示。它有双重使命：一是介绍产品；二是树立品牌形象。最为突出的特点在于它介于平面与立体设计之间。

图7-1　招贴插画

图7-2　杂志插画

图7-3　产品包装插画

● 企业形象宣传品插画：是指企业的VI设计，通常包含在企业形象设计的基础系统和应用系统两部分中。

● 影视媒体中的影视插画：是指电影、电视中出现的插画。一般在广告片中使用较多。影视插画也包括在计算机上的应用，其如今成了商业插画的表现空间，如众多的图形库动画(图7-4)、游戏节目、图形表格等。

图7-4　影视插画

插画的功能与作用

插画界定

现代插画与一般意义上的艺术插画有一定的区别，从两者的功能、表现形式、传播媒介等方面都有差异。现代插画的服务对象首先是商品。商业活动要求把所承载的信息准确、明晰地传达给观众，希望人们对这些信息正确接收、把握，并让观众在采取行动的同时得到美的享受，因此说它是为商业活动服务的。

而一般意义的艺术插画都有以下功能和目的。

(1) 作为文字的补充。

(2) 让人们得到感性认识的满足。

(3) 表现艺术家的美学观念、表达技巧，甚至表现艺术家的世界观、人生观。

现代插画的功能性非常强，偏离视觉传达目的的纯艺术往往使现代插画的功能减弱。因此，设计时不能让插画的主题有产生歧义的可能，必须鲜明、单纯、准确。

现代插画诉求功能

现代插画的基本诉求功能就是将信息简洁、明确、清晰地传递给观众，引起他们的兴趣，努力使他们相信传递的内容，并在审美的过程中欣然接受宣传的内容，引导他们采取最终的行动。

(1) 展示生动、具体的产品和服务形象，直观地传递信息。

(2) 激发消费者的兴趣。

(3) 增强广告的说服力。

(4) 强化商品的感染力，刺激消费者的欲求。

插画的用途

在平面设计领域，人们接触最多的是文学插图与商业插画。

● 文学插图：再现文章情节、体现文学精神的可视艺术形式，如图7-5所示。

● 商业插画：为企业或商品传递宣传信息，艺术与商业相结合的一种图形表现形式，如图7-6所示。

图7-5　文学插画　　　　图7-6　商业插画

插画的具体分类

按市场的定位分类：矢量时尚、卡通风格、写实唯美、漫画插图、概念设定等。

按制作方法分类：手绘、矢量、商业、新锐(2D、3D、UI设计)和像素等。

按绘画风格分类：中式插画、日式卡通插画、欧美插画、韩国游戏插画(由于风格多样化，所以只是简单地分类)。

插画技法

无论是传统绘画，还是计算机绘画，插画都是一个相对比较独立的创作过程，具有很强烈的个人情感。有关插画的工作有很多种，像服装的、书籍的、报纸副刊的、广告的、电脑游戏的。不同性质的工作需要不同的插画创作人员，所需风格及技能也有所差异。即使是专业的杂志插画，每家杂志社的风格也不一定相同。所以插画现在越来越商业化和专业化，要求也越来越高。

要绘制插画，首先要把基本功练好，如素描、速写等。

素描，是训练对光影、构图的了解。而速写则是训练记忆，用简单的笔调快速地绘出影像感觉，让手及脑更加灵活。然后就可多尝试用不同的颜料作画，像水彩、油画、色铅笔、粉彩等，从而找到适合自己的上色方式。

当然，也可以使用计算机绘图，像Illustrator、Photoshop、Painter等绘图软件。简单来说，Illustrator是矢量绘图软件，Photoshop是位图绘图软件，而Painter则是模仿手绘画笔的软件。

插画的创作表现可以具象，也可抽象，创作的自由度极高，当通过摄影无法拍摄到实体影像时，借助于插画的表现则为最佳时机。

案例38 静夜思

教学视频

本案例的目的是让读者了解在CorelDRAW中使用各个工具和命令相结合制作"静夜思"插画的方法，图7-7为该插画的设计过程。

图7-7 制作流程图

案例 重点

- 交互式填充
- 转换为位图
- 虚光滤镜
- 使用形状工具
- 使用艺术笔工具
- 插入字形

案例 步骤

制作插画背景

01 → 执行菜单中的"文件">"新建"命令，新建一个空白文档。使用 □ (矩形工具)在文档中绘制一个"宽度"为278mm、"高度"为198mm的矩形，如图7-8所示。

02 → 选中矩形，选择工具箱中的 ◉ (交互式填充工具)，打开"编辑填充"对话框，设置其中的参数，如图7-9所示。

03 → 设置完毕后单击OK按钮，效果如图7-10所示。

从左向右的颜色依次为青色、蓝色、灰色

双击鼠标添加渐变色标

图7-8 绘制矩形　　　　图7-9 "编辑填充"对话框　　　　图7-10 渐变填充效果

04 → 选择工具箱中的 ◨ (艺术笔工具)，单击属性栏中的 ◉ (喷涂)按钮，设置"类别"为"植物"，在下拉列表中选择"蘑菇"，在页面中水平绘制，效果如图7-11所示。

05 → 执行菜单中的"对象">"打散艺术笔群组"命令，此时会显示画笔路径，如图7-12所示。

技巧

　　打散艺术笔群组的好处是，被打散后的对象可以进行缩放；如果不打散，缩小时只会将同一路径内的对象减少而不会缩小。

图7-11 绘制蘑菇　　　　　　　　　图7-12 打散艺术笔群组

06 → 单独选择路径，按Delete键将路径删除，选择绘制的蘑菇，在"颜色"泊坞窗中单击黑色色块，复制黑色蘑菇并移动至相应位置，效果如图7-13所示。

07 → 使用 □ (矩形工具)在渐变背景的下面绘制黑色矩形，此时该插画背景部分制作完毕，效果如图7-14所示。

图7-13 填充黑色　　　　图7-14 背景部分

制作插画天空中的对象部分

01 → 下面绘制天空中的星星，使用 ☆ (星形工具)在天空中绘制大小不同的白色四角星，如图7-15所示。

02 → 将绘制的星星全部框选，执行菜单中的"对象">"造型">"合并"命令，效果如

图7-16所示。

03 → 按快捷键Ctrl+C复制，再按快捷键Ctrl+V粘贴，得到一个星星副本，然后执行菜单中的"位图">"转换为位图"命令，打开"转换为位图"对话框，设置其中的参数，如图7-17所示。

图7-15 绘制星星

图7-16 合并

图7-17 转换为位图

04 → 设置完毕后单击OK按钮，执行菜单中的"效果">"模糊">"高斯式模糊"命令，打开"高斯式模糊"对话框，设置其中的参数，如图7-18所示。

05 → 设置完毕后单击OK按钮，效果如图7-19所示。

06 → 下面绘制一个流星效果，使用○(椭圆形工具)在天空中绘制一个白色椭圆，如图7-20所示。

图7-18 高斯式模糊

图7-19 模糊效果

图7-20 白色椭圆

07 → 选择椭圆，执行菜单中的"位图">"转换为位图"命令，打开"转换为位图"对话框，设置"分辨率"为150，勾选"光滑处理"和"透明背景"复选框，单击OK按钮，将椭圆转换为位图，再执行菜单中的"效果">"模糊">"高斯式模糊"命令，打开"高斯式模糊"对话框，设置其中的参数，如图7-21所示。

08 → 设置完毕后单击OK按钮，将流星进行旋转并移动，效果如图7-22所示。

09 → 使用▥(透明度工具)在流星右边向左边拖动创建线性透明，如图7-23所示。

图7-21 "高斯式模糊"对话框

图7-22 模糊效果

图7-23 线性透明

10 → 下面制作月亮效果，使用○(椭圆形工具)绘制一个白色正圆，如图7-24所示。

11 → 选择椭圆，执行菜单中的"位图">"转换为位图"命令，打开"转换为位图"对话框，设置"分辨率"为150，勾选"光滑处理"和"透明背景"复选框，单击OK按钮，将椭圆转换为位图，再执行菜单中的"效果">"创造性">"虚光"命令，打开"虚光"对话框，设置其中的参数，如图7-25所示。

12 → 设置完毕后单击OK按钮，将图像稍微拉大一点，效果如图7-26所示。

图7-24 绘制正圆

图7-25 "虚光"对话框

图7-26 虚光效果

13 导入附赠资源中的"素材\第7章\月亮"素材，移动至相应位置，如图7-27所示。

14 绘制一个与月亮大小一致的白色正圆，使用▨(透明度工具)在月亮上从上向下拖动创建线性透明，效果如图7-28所示。

图7-27 导入素材

图7-28 添加透明效果

15 选择工具箱中的▨(艺术笔工具)，单击属性栏中的▨(喷涂)按钮，设置"类别"为"其他"，在下拉列表中选择"云彩"，如图7-29所示。

16 使用与绘制蘑菇相同的方法，绘制白色云彩，效果如图7-30所示。

17 选择工具箱中的▨(艺术笔工具)，单击属性

图7-29 选择云彩

栏中的▨(喷涂)按钮，设置"类别"为"其他"，在下拉列表中选择"鸟"，如图7-31所示。

18 使用与绘制蘑菇相同的方法，绘制黑色的鸟，至此静夜思插画天空中对象部分制作完成，效果如图7-32所示。

图7-30 绘制白色云彩

图7-31 选择鸟

图7-32 绘制鸟

制作竹子部分

01 → 在文档中绘制竹节，方法如图7-33所示。

02 → 复制竹节并缩小，效果如图7-34所示。

图7-33　绘制竹节

03 → 选择工具箱中的🖋(艺术笔工具)，单击属性栏中的🖌(笔刷)按钮，设置"类别"为"书法"，在下拉列表中选择合适的笔触，在竹节上绘制小竹竿，如图7-35所示。

04 → 使用🖋(贝塞尔工具)绘制一个竹叶笔触，如图7-36所示。

图7-34　复制并缩小　　　　　图7-35　绘制笔刷　　　　　图7-36　绘制笔触

05 → 选择工具箱中的🖋(艺术笔工具)，单击属性栏中的🖌(笔刷)按钮，单击💾(保存艺术笔触)按钮，如图7-37所示。

图7-37　保存笔触

06 → 系统会弹出图7-38所示的"另存为"对话框。

07 → 设置完毕后单击"保存"按钮，使用🖋(艺术笔工具)中的🖌(笔刷)按钮，设置"类别"为"自定义"，在竹竿上绘制竹叶，如图7-39所示。

图7-38　"另存为"对话框

图7-39　绘制竹叶

119

08 → 在绘制的同时，要根据竹叶大小调整"画笔宽度"参数值，效果如图7-40所示。

09 → 框选所有竹竿和竹叶，按快捷键Ctrl+G将其群组，复制对象群组后，得到一个副本，将其缩小，如图7-41所示。

图7-40　调整竹叶　　　　　　　　　　　　　　　　图7-41　复制并缩小

10 → 框选所有的竹子，单击◩(水平镜像)按钮，将其镜像，之后移动至背景上，效果如图7-42所示。

11 → 复制一个竹子并缩小，移动至大竹子的边上并进行水平镜像，至此竹子部分制作完毕，效果如图7-43所示。

图7-42　变换并移动　　　　　　　　　　　　　　图7-43　竹子部分

制作自行车部分

01 → 执行菜单中的"文本">"字形"命令，打开"字形"泊坞窗，设置其中的参数，如图7-44所示。

02 → 在"字形"泊坞窗中，将自行车图形拖动至背景图形上，如图7-45所示。

03 → 单击"颜色"泊坞窗中的黑色色块，为其填充黑色，完成本例的制作，最终效果如图7-46所示。

图7-44　设置插入字形　　　　图7-45　插入自行车图形　　　　图7-46　最终效果

案例39　**步步高**

教学视频

本案例的目的是让读者了解在CorelDRAW中使用各个工具和命令相结合制作"步步高"插画的方法，图7-47为该插画的制作流程图。

图7-47　制作流程图

案例 ▶ **重点**

- 交互式填充
- 椭圆形渐变透明度
- 使用艺术笔工具
- 填充底纹
- 插入字形
- 使用轮廓图工具

案例 ▶ **步骤**

制作插画背景

01 执行菜单中的"文件">"新建"命令，新建一个空白文档。使用▢(矩形工具)在文档中绘制一个"宽度"为285mm、"高度"为195mm的矩形，选择绘制的矩形，选择工具箱中的◈(交互式填充工具)，打开"编辑填充"对话框，设置其中的参数，如图7-48所示。

02 设置完毕后单击OK按钮，取消矩形的轮廓效果，如图7-49所示。

03 按快捷键Ctrl+C复制，再按快捷键Ctrl+V粘贴，得到一个矩形副本，选择◈(交互式填充工具)，打开"编辑填充"对话框，设置其中的参数，如图7-50所示。

04 设置完毕后单击OK按钮，效果如图7-51所示。

设置左侧的颜色为(C:100 M:0 Y:0 K:0)，右侧的颜色为(C:60 M:0 Y:20 K:0)

图7-48 "编辑填充"对话框　　　　图7-49 渐变填充　　　　图7-50 设置底纹填充

05 → 选择 ▣(透明度工具)，在属性栏中设置"透明度类型"为"椭圆形渐变透明度"、"合并模式"为"常规"、"透明度"为50，效果如图7-52所示。

06 → 此时背景部分制作完毕，效果如图7-53所示。

图7-51 底纹填充效果　　　　图7-52 编辑透明效果　　　　图7-53 背景

制作插画梯子

01 → 使用 ▨(贝塞尔工具)绘制梯子一侧的主干，绘制完成后将对象变窄，如图7-54所示。

02 → 复制对象并移动至另一面，效果如图7-55所示。

03 → 复制对象缩小后，旋转移动至相应位置，如图7-56所示。

04 → 改变颜色后，使用 ▨(调和工具)在两个对象之间拖动使其产生调和效果，设置"步长数"为5，效果如图7-57所示。

图7-54 绘制对象　　　图7-55 复制对象　　　图7-56 复制并变换对象　　　图7-57 调和效果

05 → 框选梯子，按快捷键Ctrl+G群组，将群组后的对象移动至背景上，如图7-58所示。

06 → 使用 ▣(阴影工具)在梯子底部向左上角拖动制作阴影，效果如图7-59所示。

07 → 按快捷键Ctrl+K打散阴影群组，再执行菜单中的"位图">"转换为位图"命令，打开"转换为位图"对话框，设置"分辨率"为150，勾选"光滑处理"和"透明背景"复选框，单击OK按钮，将阴影转换为位图，再执行菜单中的"效果">"模糊">"高斯式模糊"命令，打开"高斯式模糊"对话框，设置其中的参数，如图7-60所示。

图7-58 移动对象　　　　图7-59 制作阴影　　　　图7-60 "高斯式模糊"对话框

08 → 设置完毕后单击OK按钮，效果如图7-61所示。

09 → 使用▦(透明度工具)在阴影底部向上拖动，创建线性渐变透明效果，如图7-62所示。

10 → 选择梯子，复制一个副本，使用▦(位图图样填充工具)，单击"填充挑选器"按钮，打开"填充挑选器"下拉菜单，设置其中的参数，如图7-63所示。

图7-61 模糊效果　　　　图7-62 添加透明度效果　　　　图7-63 图样填充

11 → 双击选择木纹为其填充，再将对象向下移动，效果如图7-64所示。

12 → 使用◎(螺纹工具)在梯子底部绘制两个漩涡，此时梯子部分制作完毕，效果如图7-65所示。

图7-64 图样填充　　　　　　图7-65 完成梯子部分

制作插画水面部分

01 → 选择工具箱中的▭(艺术笔工具)，单击属性栏中的▭(喷涂)按钮，设置"类别"为"其他"，在下拉列表中选择"金鱼"，如图7-66所示。

02 在文档中拖动鼠标绘制金鱼，得到图7-67所示的效果。

图7-66　选择金鱼　　　　　　　　　　　　图7-67　绘制金鱼

03 按快捷键Ctrl+K打散艺术笔群组，选择分离出来的路径，如图7-68所示。

04 按Delete键删除路径，选择金鱼后，按快捷键Ctrl+U将曲线群组，选择其中的几个金鱼和气泡，移动至背景中并将对象缩小，至此金鱼部分制作完毕，效果如图7-69所示。

图7-68　选择打散后的路径　　　　　　　　图7-69　移动金鱼和气泡

制作插画胡萝卜人部分

01 导入附赠资源中的"素材\第7章\胡萝卜"素材，如图7-70所示。

02 选择工具箱中的 🖊(艺术笔工具)，单击属性栏中的 🖌(表达式)按钮，在胡萝卜素材上绘制手脚，如图7-71所示。

图7-70　导入素材　　　　　　　　　　图7-71　绘制胡萝卜

03 此时胡萝卜人部分制作完毕，效果如图7-72所示。

制作插画天空部分

01 执行菜单中的"文本">"字形"命令，打开"字形"泊坞窗，将月亮拖动至文档中，填充白色和黄色轮廓，将其水平翻转，如图7-73所示。

02 按快捷键Ctrl+K打散对象，选择前面大的月亮，如图7-74所示。

图7-72　胡萝卜人

03 → 将小月亮删除，将大月亮移动至背景上，如图7-75所示。

图7-73　绘制月亮　　　　　图7-74　打散对象　　　　　图7-75　移动对象

04 → 使用 ▣(轮廓图工具)在轮廓上向内拖动创建轮廓，在属性栏中设置参数，效果如图7-76所示。

05 → 使用 ▨(贝塞尔工具)在月亮上绘制黑色的眼睛和橘色的嘴巴，效果如图7-77所示。

图7-76　创建轮廓　　　　　　　　　　　　图7-77　设置轮廓图

06 → 使用 ▣(椭圆形工具)在天空处绘制白色云彩，如图7-78所示。

图7-78　白色云彩

07 → 使用 ▨(手绘工具)在云彩和月亮下绘制白色虚线轮廓线，如图7-79所示。

08 → 使用 ▣(复杂星形工具)在轮廓线下绘制白色星形，至此天空部分制作完毕，效果如图7-80所示。

图7-79　绘制轮廓　　　　　　　　　　　图7-80　绘制星形

制作插画蒙版部分

01 ⟹ 插画基本制作完成，但是水中的鱼给人的感觉有一点太清晰了，下面为其制作与背景相融合的效果，方法是复制背景并填充青色，效果如图7-81所示。

02 ⟹ 使用▨(透明度工具)在底部向上拖动创建透明效果，如图7-82所示。

03 ⟹ 至此本例制作完毕，最终效果如图7-83所示。

图7-81　复制背景并填充	图7-82　创建透明效果	图7-83　最终效果

案例40

初秋

教学视频

本案例的目的是让读者了解在CorelDRAW中使用各个工具和命令相结合制作"初秋"插画的方法，图7-84为该插画的制作流程图。

图7-84　制作流程图

案例　重点

- 交互式填充
- 智能填充
- 使用涂抹工具
- 使用形状工具
- 使用艺术笔工具
- 图框精确剪裁

案例　步骤

制作插画背景

01 ⟹ 执行菜单中的"文件">"新建"命令，新建一个空白文档。使用▢(矩形工具)在文档中绘制一个"宽度"为280mm、"高度"为195mm的矩形，填充为水粉色，如图7-85所示。

02 → 复制一个矩形副本，选择 (交互式填充工具)后，在属性栏中单击 (向量图案填充)按钮，在打开的"填充挑选器"下拉菜单中选择一个图案，如图7-86所示。

03 → 此时填充效果如图7-87所示。

图7-85 绘制矩形	图7-86 选择图案	图7-87 填充效果

04 → 选择 (透明度工具)，在属性栏中设置"透明度类型"为"均匀透明度"、"合并模式"为"常规"、"透明度"为91，至此背景部分制作完毕，效果如图7-88所示。

图7-88 设置透明效果

制作插画中的修饰场景

01 → 下面完成林间小路的制作，使用 (贝塞尔工具)在文档中绘制封闭的曲线路径，如图7-89所示。

02 → 使用 (交互式填充工具)从上向下拖动鼠标填充渐变色，设置"从"的颜色为春绿色、"到"的颜色为鳄梨绿色，效果如图7-90所示。

图7-89 图框精确剪裁	图7-90 填充渐变色

03 → 使用 (贝塞尔工具)在对象上面绘制封闭曲线，填充橄榄色，效果如图7-91所示。

图7-91 填充小路

04 → 取消小路的轮廓，选择工具箱中的 (艺术笔工具)，单击属性栏中的 (喷涂)按钮，设置"类别"为"对象"，在下拉列表中选择"彩石"，在小路上绘制石头，如图7-92所示。

05 → 选择工具箱中的 (艺术笔工具)，单击属性栏中的 (喷涂)按钮，设置"类别"为"植物"，在下拉列表中选择"草"，在小路上、地下绘制小草，如图7-93所示。

图7-92　绘制石头　　　　　　　　　　　　　图7-93　绘制小草

06 ▷ 下面绘制小路上的树。使用 ◢(贝塞尔工具)绘制小路上树干的轮廓，并填充棕色，如图7-94所示。

07 ▷ 使用 ◢(涂抹工具)在树干、树枝上按住鼠标左键拖动涂抹出树枝，如图7-95所示。

图7-94　绘制树干并填充　　　　　　　　　　　图7-95　涂抹出树枝

提示

使用 ◢(涂抹工具)可以使曲线轮廓变得扭曲，并且会在扭曲的部分生成若干个节点，方便用户对曲线扭曲的形状进行编辑和调整。

08 ▷ 下面绘制树叶。选择工具箱中的 ◢(艺术笔工具)，单击属性栏中的 ◢(喷涂)按钮，设置"类别"为"植物"，在下拉列表中选择"树叶"，在文档上绘制树叶，如图7-96所示。

09 ▷ 按快捷键Ctrl+K打散，将路径删除，再按快捷键Ctrl+U，选择其中的一个树叶移动至树枝上，如图7-97所示。

10 ▷ 复制多个树枝上的树叶，将其放置到树冠上，如图7-98所示。

图7-96　绘制树叶　　　　　　图7-97　移动树叶　　　　　　图7-98　复制树叶

11 ▷ 将树冠上的树叶全部选中，按快捷键Ctrl+G将其群组，按快捷键Ctrl+PgDn将其调整至树干后面，效果如图7-99所示。

12 使用○(椭圆形工具)和▨(贝塞尔工具)制作树干上的高光与树杈间的阴影，如图7-100所示。

13 下面制作树根边缘的蘑菇和小动物效果。选择工具箱中的▨(艺术笔工具)，单击属性栏中的▨(喷涂)按钮，设置"类别"为"植物"，在下拉列表中选择"蘑菇"，在树根处绘制蘑菇，如图7-101所示。

图7-99 改变顺序　　　　　图7-100 绘制高光与阴影　　　　　图7-101 绘制蘑菇

14 选择工具箱中的▨(艺术笔工具)，单击属性栏中的▨(喷涂)按钮，设置"类别"为"其他"，在下拉列表中选择"小动物"，在树根处和树杈上绘制两个小动物，如图7-102所示。

15 使用▨(贝塞尔工具)在树根处绘制曲线并填充灰色，再使用▨(阴影工具)在曲线上拖动创建投影，效果如图7-103所示。

图7-102 绘制小动物　　　　　　　　　图7-103 制作投影

16 按快捷键Ctrl+K将其打散，选择绘制的曲线对象将其删除，再按快捷键Ctrl+PgDn调整顺序，效果如图7-104所示。

17 全部选中绘制的场景对象，按快捷键Ctrl+G将其群组，按住鼠标右键将场景对象拖动至背景上，效果如图7-105所示。

图7-104 调整顺序　　　　　　　　图7-105 使用右键拖动

18 松开鼠标按键后，在弹出的快捷菜单中选择"PowerCilp内部"命令，如图7-106所示。

19 → 选择该命令后，系统会将场景放置到背景框内，效果如图7-107所示。

20 → 按住Ctrl键在背景容器内单击鼠标，此时会进入编辑状态，调整场景的位置，如图7-108所示。

图7-106　选择命令

图7-107　容器内部

图7-108　调整位置

21 → 按住Ctrl键在空白文档处单击，完成图框精确剪裁，此时背景与场景制作完毕，效果如图7-109所示。

制作插画中的主角部分

01 → 在文档中使用◎(椭圆形工具)绘制正圆轮廓，按快捷键Ctrl+Q将曲线转换为曲线，使用✍(形状工具)拖动控制点调整曲线形状，如图7-110所示。

02 → 执行菜单中的"效果">"艺术笔"命令，打开"艺术笔"泊坞窗，先选择画笔笔触，再单击选择所需笔触，效果如图7-111所示。

03 → 按快捷键Ctrl+K打散对象，选择打散的曲线填充灰色，如图7-112所示。

图7-110　调整曲线　　　　图7-111　画笔描边　　　　图7-112　绘制笔刷

04 → 使用◎(椭圆形工具)结合✐(贝塞尔工具)绘制眼睛、鼻子、嘴和耳朵，如图7-113所示。

图7-113　绘制图形

05 → 使用与绘制头部一样的方法绘制小狗身体，如图7-114所示。

06 → 使用 ✏(贝塞尔工具)绘制小狗的手脚和身上的高光，如图7-115所示。

图7-114 绘制身体　　　　　　　　　　　　　图7-115 绘制过程

07 → 在小狗的脚底绘制一个椭圆，调整顺序至小狗的后面，如图7-116所示。

08 → 使用 ▧(阴影工具)在椭圆上向下拖动创建投影，效果如图7-117所示。

图7-116 绘制椭圆　　　　　　　　　　　図7-117 绘制阴影

09 → 按快捷键Ctrl+K将阴影与椭圆分离，选择椭圆将其删除，效果如图7-118所示。

10 → 使用 ✏(贝塞尔工具)绘制围巾外形并将其填充为白色，效果如图7-119所示。

图7-118 删除椭圆　　　　　　　　　　图7-119 绘制轮廓外形

11 → 使用 ▨(智能填充工具)在围巾轮廓内相隔的位置上填充铁红色，效果如图7-120所示。

图7-120 填充

12 → 将围巾移动至小狗脖子上，复制一个围巾并缩小，在脖子上制作一个绕脖的围巾，效果如图7-121所示。

13 → 将小狗拖动至背景上，效果如图7-122所示。

图7-121　围巾

图7-122　移动对象

14 → 选择 (艺术笔工具)，单击属性栏中的 (喷涂)按钮，设置"类别"为"植物"，在下拉列表中选择"树叶"，在背景上绘制树叶，效果如图7-123所示。

15 → 在整个插画上输入文字"初秋"，至此本例制作完毕，最终效果如图7-124所示。

图7-123　绘制树叶

图7-124　最终效果

本章练习

练 习

练习为《童话大王》杂志绘制一个卡通插画，要求大小为180mm×135mm，选择一个适合童话故事的卡通形象作为主体，绘制与之相对应的插画效果。

第8章 企业形象设计

企业形象设计，是指一个企业为了获得社会的理解与信任，将企业的宗旨和产品包含的文化内涵传达给公众，从而建立自己的视觉体系形象系统。本章精心制作了Logo设计和VI设计两个案例，通过案例形式来展现企业形象设计的相关知识。

CI(corporate identity，企业识别)，意译为"企业形象统一战略"。CI设计又称企业形象设计。下面主要讲解CI的设计理念与作用、具体组成部分，以及企业标志的概念和表现形式等。

CI的设计理念与作用

CI是将企业文化与经营理念统一设计，利用整体表达体系(尤其是视觉表达系统)，传达给企业内部与公众，使其对企业产生一致的认同感，以形成良好的企业印象，最终促进企业商品和服务的销售。CI的作用主要分为对内与对外两部分。

对内

企业可通过CI设计对其办公系统、生产系统、管理系统，以及营销、包装、广告等宣传形象形成规范设计和统一管理，由此调动企业每个职员的积极性、归属感和认同感，使各职能部门能各行其职、有效合作。

对外

通过一体化的符号形式形成企业的独特形象，便于公众辨别、认同企业形象，促进企业商品或服务的推广。

CI的具体组成部分

CI系统是由MI(mind identity，理念识别)、BI(behavior identity，行为识别)、VI(visual identity，视觉识别)三方面组成的。其核心是MI，它是整个CI的最高决策层，为整个系统奠定了理论基础和行为准则，并通过BI与VI表达出来。所有的行为活动与视觉设计都是围绕着MI这个中心展开的，成功的BI与VI就是将企业的独特精神准确地表达出来。

MI(理念识别)

企业理念，对内影响企业的决策、活动、制度、管理等，对外影响企业的公众形象、广告宣传等。所谓MI，是指确立企业自己的经营理念，企业对目前和将来一定时期的经营目标、经营思想、经营方式和营销状态进行总体规划和界定。主要内容包括企业精神、企业价值观、企业文化、企业信条、经营理念、经营方针、市场定位、产业构成、组织体制、管理原则、社会责任和发展规划等。

BI(行为识别)

BI直接反映企业理念的个性和特殊性，包括对内的组织管理和教育，对外的公共关系、促销活动、资助社会性的文化活动等。

VI(视觉识别)

VI是企业的视觉识别系统，包括基本要素(企业名称、企业标志、标准字、标准色、企业造型等)和应用要素(产品造型、办公用品、服装、招牌、交通工具等)，通过具体符号的视觉传达设计，直接进入人脑，留下对企业的视觉印象。

企业标志的概念

企业标志承载着企业的无形资产，是企业综合信息传递的媒介。标志作为企业CI战略的最主要部分，在企业形象传递过程中，是应用最广泛、出现频率最高，同时也是最关键的元素。企业强大的整体实力、完善的管理机制、优质的产品和服务，都被涵盖于标志中，通过不断刺激和反复刻画，深深地留在受众心中。企业标志可分为企业自身的标志和商品标志。

企业标志的表现形式

标志的设计形式主要由文字、图形两大要素构成。运用不同的要素或由二者相结合是组成标志的基础，并由此派生出标志的不同种类。文字类标志包括汉字类标志与拉丁字母类标志；图形类标志包括具象图形标志和抽象图形标志；由文字和图形相结合又构成了表现形式众多的综合类标志。

作品欣赏

图8-1为VI作品设计效果。

图8-1　VI作品效果

案例41　Logo设计

教学视频

本案例的目的是让读者了解在CorelDRAW中使用各个工具和命令相结合制作企业标志的方法。图8-2为Logo制作流程图。

图8-2　制作流程图

案例 重点

- 绘制星形
- PowerCilp
- 旋转变换
- 智能颜色填充
- 轮廓描图之剪贴画

案例 步骤

制作旋转星形

01 → 执行菜单中的"文件">"新建"命令，新建一个空白文档。使用 ☆(星形工具)在文档中绘制一个四角星，绘制完毕后设置"锐角"为80，效果如图8-3所示。

02 → 选择星形，在工具箱中选择 ◙(交互式填充工具)，在属性栏中选择 ■(均匀填充)，在填充色拾色器中设置颜色参数，如图8-4所示。

03 → 设置完填充颜色，效果如图8-5所示。

图8-3 绘制四角星　　　　　　　图8-4 均匀填充　　　　　　图8-5 填充效果

04 → 使用 ▸(选择工具)在星形上单击调出旋转与斜切变换框，拖动控制点将星形旋转，效果如图8-6所示。

05 → 将旋转中心点移动至右下角，如图8-7所示。

06 → 执行菜单中的"窗口">"泊坞窗">"变换"命令，打开"变换"泊坞窗，选择"旋转"按钮，设置其中的参数，如图8-8所示。

图8-6 旋转　　　　图8-7 移动旋转中心点　　　　图8-8 设置旋转变换

07 → 单击"应用"按钮，此时发现星形会按照旋转中心点进行旋转复制，单击数次直到旋转一周为止，效果如图8-9所示。

08 → 框选所有星形，执行菜单中的"对象">"造型">"合并"命令，将星形接合为一个整体，如图8-10所示。

09 → 右击"颜色"泊坞窗中的 ⊠(无填充)色块，取消轮廓，此时旋转星形制作完毕，效果如图8-11所示。

单击7次

图8-9　旋转复制

图8-10　接合

图8-11　取消轮廓

制作六边形

01 → 使用◎(多边形工具)在文档中绘制六边形，设置"轮廓宽度"为4mm，如图8-12所示。

图8-12　六边形

02 → 按F12键打开"轮廓笔"对话框，单击"颜色"下拉按钮设置轮廓色，设置其中的参数，如图8-13所示。

03 → 设置完毕后单击OK按钮，效果如图8-14所示。

04 → 将多边形填充白色，单击调出旋转与斜切变换框，拖动控制点将六边形旋转并移动至旋转星形上，此时六边形制作完毕，效果如图8-15所示。

图8-13　设置轮廓色

图8-14　填充轮廓色

图8-15　六边形

制作矢量卡通图形

01 → 导入附赠资源中的"素材\第8章\卡通小动物"素材，如图8-16所示。

02 → 选择导入的素材，执行菜单中的"位图">"轮廓描摹">"剪贴画"命令，打开PowerTRACE对话框，设置其中的参数，如图8-17所示。

03 → 设置完毕后单击OK按钮，此时会将位图转换为矢量图，并将白色背景删除，按快捷键Ctrl+U将曲线取消群组，如图8-18所示。

图8-16　素材

04 → 选择◎(智能填充工具)，在属性栏中设置填充色为白色、轮廓色为"无"，如图8-19所示。

05 → 使用◎(智能填充工具)在小动物的身上单击，为其相应部位填充白色，填充过程如图8-20所示。

图8-17 设置剪贴画

图8-18 转换为矢量图后取消群组

图8-19 设置智能填充

06 设置 📝(智能填充工具)的填充色为绿色、轮廓色为"无"，在黑色上单击将其变为绿色，效果如图8-21所示。

07 使用鼠标右键将小动物拖动至六边形内，如图8-22所示。

图8-21 智能填充

图8-20 智能填充过程

图8-22 移动对象

08 松开鼠标按键后，系统会弹出快捷菜单，选择"PowerCilp内部"命令，如图8-23所示。

09 此时会将小动物放置到六边形内，如图8-24所示。

10 按住Ctrl键后，单击六边形内的小动物，进入编辑状态，将头部移动至六边形内，效果如图8-25所示。

11 编辑完毕后按住Ctrl键在文档外部单击，完成PowerCilp编辑，此时矢量卡通制作完成，效果如图8-26所示。

图8-23 选择命令

图8-24 放置到容器内

图8-25 移动头部

图8-26 图框精确剪裁

修整对象部分

01 → 使用 (贝塞尔工具)沿旋转星形边缘底部创建一个封闭轮廓，效果如图8-27所示。

02 → 将绘制的轮廓与旋转星形一同选中，在属性栏中单击 (简化)按钮，效果如图8-28所示。

03 → 将绘制的轮廓删除，效果如图8-29所示。

图8-27　绘制轮廓　　　　　图8-28　简化效果　　　　　图8-29　删除绘制的轮廓

04 → 使用 (文本工具)在下面输入合适大小的文字，字体为bauhaus93，如图8-30所示。

05 → 使用 (智能填充工具)将文字填充为绿色，将两个小点填充为蓝色，至此该案例制作完毕，效果如图8-31所示。

图8-30　输入文字　　　　　　　　　　图8-31　最终效果

知识 拓展

对绘制对象进行整形处理

绘制两个对象后，可以为其进行整形处理，分别为合并、修剪、相交、简化、移除后面的对象、移除前面的对象和创建边界。

● 合并：是将两个或两个以上的对象组合在一起，形成一个新对象。合并后的对象是一个独立的对象，其填充、轮廓属性与指定的目标对象相同，合并效果如图8-32所示。

图8-32　合并

● 修剪：可以去掉与其他对象的相交部分，从而达到更改对象形状的目的。对象被修剪后，填充和轮廓属性保持不变，修剪效果如图8-33所示。

图8-33　修剪

● 相交：可以创建一个以对象重叠区域为内容的新对象。新对象的尺寸和形状与重叠区域完全相同，其颜色和轮廓属性取决于目标对象，相交效果如图8-34所示。

图8-34　相交

● 简化：可以减去后面对象和前面对象重叠的部分，并保留前面对象和后面对象的状态。对于复杂的绘图作品，使用该功能可以有效减小文件的大小，而不影响作品的外观，简化效果如图8-35所示。

● 移除后面的对象：可以减去对象后面的对象，并减去前后对象的重叠区域，仅保留前面对象的非重叠区域，移除后面的对象效果如图8-36所示。

图8-35　简化　　　　　　　　　　　图8-36　移除后面的对象

● 移除前面的对象：可以减去对象前面的对象，并减去前后对象的重叠部分，仅保留后面对象的非重叠区域，移除前面的对象效果如图8-37所示。

● 创建边界：可以自动在选择的对象周围创建轮廓边界，创建边界效果如图8-38所示。

图8-37　移除前面的对象　　　　　　图8-38　创建边界

案例42　VI设计

教学视频

本案例的目的是让读者了解在CorelDRAW中使用各个工具和命令相结合制作VI的方法。图8-39为VI制作流程图。

图8-39　制作流程图

案例　重点

- 使用交互式填充工具
- 使用贝塞尔工具
- 使用形状工具
- 使用艺术笔工具
- 使用阴影工具
- PowerCilp

案例　步骤

制作VI背景版面

01　执行菜单中的"文件">"新建"命令，新建一个空白文档。使用□(矩形工具)在文档中绘制一个"宽度"为274mm、"高度"为188mm的矩形，设置"轮廓宽度"为1mm，效果如图8-40所示。

02　使用（手绘工具)在矩形的中间绘制一条从上向下的竖线轮廓，将矩形一分为二，此时背景版面绘制完毕，效果如图8-41所示。

图8-40　绘制矩形　　　图8-41　绘制轮廓线

制作道旗

01　使用□(矩形工具)在刚才绘制的矩形的左半部分绘制一个矩形，如图8-42所示。

02　选择绘制的矩形，在工具箱中选择（交互式填充工具)，打开"编辑填充"对话框，设置其中的参数，如图8-43所示。

03　设置完毕后单击OK按钮，右击☒(无填充)色块取消矩形的轮廓，效果如图8-44所示。

从左到右的颜色依次为
(C:0 M:0 Y:0 K:20)、
(C:0 M:0 Y:0 K:20)、
(C:0 M:0 Y:0 K:20)

图8-42 绘制矩形　　　图8-43 "编辑填充"对话框　　　图8-44 填充渐变色取消轮廓

04 拖动渐变矩形的同时右击，系统会复制一个矩形副本，设置"旋转"为90，拖动控制点将矩形副本缩小，效果如图8-45所示。

05 使用◯(椭圆形工具)在两个矩形相交的位置绘制一个正圆，如图8-46所示。

06 选择绘制的矩形，在工具箱中选择◈(交互式填充工具)，打开"编辑填充"对话框，设置其中的参数，如图8-47所示。

图8-45 缩小　　　　　图8-46 绘制正圆　　　　　图8-47 "编辑填充"对话框

07 设置完毕后单击OK按钮，右击⊠(无填充)色块取消圆形的轮廓，效果如图8-48所示。

08 使用▢(矩形工具)绘制一个矩形，填充淡粉色，效果如图8-49所示。

09 导入附赠资源中的"素材\第8章\卡通小动物、Logo"素材，将其移动至相应位置上，如图8-50所示。

图8-48 填充渐变色　　　　图8-49 绘制矩形　　　　图8-50 移动素材

10 选择卡通小动物素材，执行菜单中的"对象">"PowerCilp">"置于图文框内部"命令，使用箭头在淡粉色的矩形上单击，将小动物放置到矩形内，如图8-51所示。

11 执行菜单中的"对象">"PowerCilp">"编辑PowerCilp"命令，进入编辑状态调整图像的位置，选择▦(透明度工具)，设置"透明度类型"为"均匀透明度"、"合并模式"为"减少"，效果如图8-52所示。

12 复制小动物得到一个副本，将副本缩小，效果如图8-53所示。

图8-51　放置到容器内　　　　　图8-52　编辑图像　　　　图8-53　缩小图像

13 → 执行菜单中的"效果">"图框精确剪裁">"结束编辑"命令，效果如图8-54所示。

14 → 使用 🄵(文本工具)在矩形上输入文字，并选择单个文字将其填充为绿色，如图8-55所示。

15 → 使用 ◯(椭圆形工具)在文字上绘制3个粉色圆形，效果如图8-56所示。

16 → 按快捷键Ctrl+PgDn几次向下调整顺序，直到调整至文字后面为止，效果如图8-57所示。

图8-54　完成编辑　　　图8-55　输入文字　　　图8-56　绘制圆形　　　图8-57　调整顺序

17 → 使用 🄵(手绘工具)绘制两条连接线，如图8-58所示。

18 → 选择矩形并进行复制，移动至另一面后单击 🄼(水平镜像)按钮，得到图8-59所示的效果。

19 → 选择标志后，单击 🄼(水平镜像)按钮将标志再次镜像，输入其他文字并制作粉色圆形字底，效果如图8-60所示。

20 → 框选道旗复制一个副本，将其缩小并移动至相应位置，至此道旗部分制作完毕，效果如图8-61所示。

图8-58　绘制连接线　图8-59　镜像文字　　图8-60　制作另一面　　　图8-61　复制并缩小

制作纸杯

01 → 使用 🄵(贝塞尔工具)在文档中绘制杯身轮廓，如图8-62所示。

02 → 选择绘制的轮廓，在工具箱中选择 🄵(交互式填充工具)，打开"编辑填充"对话框，设置其中的参数，如图8-63所示。

03 → 设置完毕后单击OK按钮，右击 ☒(无填充)色块取消矩形的轮廓，效果如图8-64所示。

从左到右的颜色依次为
(C:0 M:0 Y:0 K20)、
(C:0 M:0 Y:0 K0)、
(C:0 M:0 Y:0 K20)

图8-62　绘制杯身　　　　　图8-63　"编辑填充"对话框　　　　图8-64　填充渐变色

04 → 使用 (贝塞尔工具)在杯身上绘制灰色的轮廓线，如图8-65所示。

05 → 选择工具箱中的 (艺术笔工具)，单击属性栏中的 (喷涂)按钮，设置"类别"为"植物"，在下拉列表中选择需要的植物，在文档上绘制三叶草，如图8-66所示。

06 → 按快捷键Ctrl+K打散曲线，选择路径将其删除，如图8-67所示。

图8-65　绘制轮廓线　　　图8-66　绘制三叶草　　　　　图8-67　选择路径

07 → 使用 (透明度工具)在三叶草上拖动，创建线性透明效果，如图8-68所示。

08 → 使用本例中与步骤12至步骤15相同的方法将三叶草放置到杯身内，效果如图8-69所示。

09 → 使用 (椭圆形工具)在杯身上方绘制椭圆轮廓，如图8-70所示。

10 → 选择绘制的轮廓，在工具箱中选择 (交互式填充工具)，打开"编辑填充"对话框，设置其中的参数，如图8-71所示。

图8-68　线性透明效果　图8-69　图框精确剪裁　　图8-70　绘制轮廓　　图8-71　"编辑填充"对话框

11 → 设置完毕后单击OK按钮，将轮廓填充为淡灰色，效果如图8-72所示。

12 → 使用 (轮廓图工具)在轮廓上向外拖动，添加轮廓，设置属性如图8-73所示。

13 → 将导入的标志移动至杯子上，完成杯子制作，效果如图8-74所示。

制作棒球帽

01 → 使用 (贝塞尔工具)在文档中绘制帽子的轮廓路径，填充渐变色，效果如图8-75所示。

02 → 使用 (贝塞尔工具)在帽顶处绘制轮廓，填充灰色，效果如图8-76所示。

图8-72 填充颜色　　　　　　图8-73 设置轮廓图　　　　　　　　　图8-74 杯子

03 使用 (贝塞尔工具)绘制帽檐，填充白色，效果如图8-77所示。

图8-75 绘制并填充轮廓　　　　　图8-76 帽顶　　　　　　图8-77 帽檐

04 复制帽檐并移动，使帽檐产生立体效果，如图8-78所示。

05 使用 (贝塞尔工具)绘制路径，设置"样式"为虚线，如图8-79所示。

06 绘制帽子内侧的图形并填充灰色，调整顺序到后面，效果如图8-80所示。

图8-78 帽檐　　　　图8-79 帽檐上的纹理　　　　　图8-80 帽子内侧

07 使用 (贝塞尔工具)绘制帽子上的阴影，并填充灰色，使用 (透明度工具)在上面拖动创建透明效果，如图8-81所示。

08 框选整个帽子，右击 (无填充)色块取消轮廓，再绘制一条轮廓曲线，效果如图8-82所示。

09 将导入的标志移动至帽子前面，效果如图8-83所示。

图8-81 帽子上的阴影　　　　　图8-82 帽子上的轮廓　　　　图8-83 帽子的标志

10 绘制一个椭圆，效果如图8-84所示。

11 使用 (阴影工具)在椭圆上向下拖动，产生阴影效果，如图8-85所示。

12 按快捷键Ctrl+K打散阴影，选择椭圆将其删除，效果如图8-86所示。

图8-84 绘制椭圆　　　　　图8-85 阴影效果　　　　　图8-86 删除椭圆

13 按快捷键Ctrl+PgDn几次向下调整顺序，直到调整至帽子后面位置，此时帽子绘制完毕，效果如图8-87所示。

制作T恤衫

01 使用 (贝塞尔工具)在文档上绘制T恤主身轮廓，如图8-88所示。

02 绘制衣领，效果如图8-89所示。

03 绘制衣袖，效果如图8-90所示。

图8-87 帽子

图8-88 绘制轮廓　　　图8-89 绘制衣领　　　　　　　图8-90 绘制衣袖

04 使用同样的方法绘制衣服背面，效果如图8-91所示。

05 为对象填充绿色，效果如图8-92所示。

图8-91 绘制背面　　　　　　　　　图8-92 填充绿色

06 将标志移动至衣服前面，在背面输入文字，完成本例的制作，最终效果如图8-93所示。

图8-93 最终效果

本章练习

虚拟一家企业，设计一个与之相对应的Logo，规格不限。

第9章

广告设计

广告设计是指从创意到制作的这个中间过程，是广告的主题、创意、文字、形象、衬托五个要素构成的组合安排，其最终目的就是通过广告来达到吸引人们注意的目的。本章精心制作了香水广告、手机广告两个案例，通过案例形式来展现广告设计的相关知识。

广告设计的主要特征是以图像、图形、文字、色彩、版面等表达广告的元素，结合广告媒体的使用特点，在计算机上通过相关设计软件为实现广告目的和意图进行平面艺术创意设计。

广告设计的3I要求

Impact(冲击力)

从视觉表现的角度来衡量，视觉效果是吸引受众并用他们喜欢的语言来传达信息。一则成功的平面广告在画面上应该有非常强的吸引力，例如科学运用、合理搭配色彩，准确运用图片等。

Information(信息内容)

一则成功的平面广告是通过简单、清晰的信息内容准确传递利益要点。广告信息内容要能够系统化地融合消费者的需求点、利益点和支持点等沟通要素。

Image(品牌形象)

从品牌的定位策略高度来衡量，一则成功的平面广告画面应该符合稳定、统一的品牌个性，符合品牌定位策略；在同一宣传主题下面的不同广告版本，其创作表现的风格和整体表现应该能够保持一致和连贯性。

广告设计形式

广告设计包括所有的广告形式，如二维广告、三维广告、媒体广告、展示广告等诸多广告形式。

广告的载体主要有报刊、广播、电视、电影、路牌、橱窗、印刷品、霓虹灯等。

广告设计分类

广告设计一般根据传播媒介、投放地点、广告内容、广告目的、表现形式、广告阶段性等分类。

广告设计要求

若从空间概念界定，平面广告泛指现有的

以长、宽两维形态传达视觉信息的各种广告；若从制作方式界定，可分为印刷类、非印刷类和光电类三种形态；若从使用场所界定，又可分为户外、户内及可携带式三种形态；若从设计的角度来看，包含文案、图形、线条、色彩、编排等要素。平面广告因为传达信息简洁明了，能瞬间吸引人们注意，从而成为广告的主要表现手段之一。

广告设计欣赏

图9-1为广告设计效果。

图9-1　广告设计效果

案例43 香水广告

教学视频

本案例的目的是让读者了解在CorelDRAW中使用各个工具和命令相结合制作香水广告的方法。图9-2为香水广告制作流程图。

图9-2　制作流程图

案例 重点

- 使用交互式填充工具
- 结合使用贝塞尔工具与形状工具
- 转换为位图并应用高斯模糊效果
- 插入字形
- 使用艺术笔工具

案例 步骤

制作背景

01 → 执行菜单中的"文件">"新建"命令，新建一个空白文档。使用□(矩形工具)在文档中绘制一个"宽度"为292mm、"高度"为205mm的矩形。在工具箱中选择◙(交互式填充工具)，打开"编辑填充"对话框，设置其中的参数，如图9-3所示。

02 → 设置完毕后单击OK按钮，效果如图9-4所示。

设置左侧的颜色为(C:0 M:0 Y:0 K:100)，右侧的颜色为 (C:60 M:0 Y:20 K:0)

图9-3 "编辑填充"对话框　　　　图9-4 渐变填充效果

03 → 使用□(矩形工具)在背景下面绘制一个小一些的矩形，如图9-5所示。

04 → 在工具箱中选择◙(交互式填充工具)，打开"编辑填充"对话框，设置其中的参数，如图9-6所示。

05 → 设置完毕后单击OK按钮，右击☒(无填充)色块，取消矩形的轮廓效果，至此背景部分制作完毕，效果如图9-7所示。

设置左侧的颜色为(C:0 M:0 Y:0 K:100)，右侧的颜色为(C:60 M:0 Y:20 K:0)

图9-5 绘制矩形　　　图9-6 "编辑填充"对话框　　　图9-7 背景

绘制香水瓶

01 → 使用☑(贝塞尔工具)结合☒(形状工具)在文档空白处绘制香水瓶的底部轮廓，如图9-8所示。

02 → 选择底部轮廓，在工具箱中选择◙(交互式填充工具)，打开"编辑填充"对话框，设置其中的参数，如图9-9所示。

03 → 设置完毕后单击OK按钮，效果如图9-10所示。

04 → 使用☑(贝塞尔工具)结合☒(形状工具)在瓶底上面绘制瓶身轮廓，如图9-11所示。

05 → 选择瓶身轮廓，在工具箱中选择◙(交互式填充工具)，打开"编辑填充"对话框，设置其中的参数，如图9-12所示。

06 → 设置完毕后单击OK按钮，效果如图9-13所示。

图9-8　绘制轮廓　　　　　图9-9　"编辑填充"对话框　　　　　图9-10　渐变填充效果

图9-11　绘制轮廓　　　　　图9-12　"编辑填充"对话框　　　　　图9-13　填充渐变色

07 ➤ 使用🖉(贝塞尔工具)结合🖢(形状工具)绘制瓶身上的其他轮廓，过程如图9-14所示。

图9-14　绘制过程

08 ➤ 绘制完毕后，使用🖢(交互式填充工具)为其填充与瓶身颜色相对应的渐变色，效果如图9-15所示。

09 ➤ 使用🖉(贝塞尔工具)结合🖢(形状工具)在页面中绘制瓶身顶部的对象轮廓，如图9-16所示。

10 ➤ 使用🖢(交互式填充工具)为绘制的轮廓填充与瓶底相对应的渐变色，如图9-17所示。

11 ➤ 选择▢(矩形工具)，在属性栏中设置矩形的边角圆滑度都为30，在瓶身的上边绘制一个圆角矩形轮廓，按快捷键Ctrl+Q或单击🖸(转换为曲线)按钮，将轮廓转换成曲线，使用🖢(形状工具)调整形状，如图9-18所示。

12 ➤ 使用🖢(交互式填充工具)为绘制的轮廓填充渐变色，效果如图9-19所示。

图9-15　填充渐变色　　　　图9-16　绘制轮廓　　　　图9-17　填充渐变色

图9-18　调整曲线　　　　　　　　　图9-19　设置智能填充

13 → 下面制作图形上的高光，使用◢(贝塞尔工具)结合▙(形状工具)在页面中绘制高光对象轮廓，如图9-20所示。

14 → 曲线调整完毕后，使用◈(交互式填充工具)为绘制的轮廓填充渐变色，如图9-21所示。

15 → 选择瓶身上面的玻璃，执行菜单中的"对象">"顺序">"向前一层"命令，调整一下顺序，再运用相同的方法制作香水瓶颈部分的圆角部分及瓶头，如图9-22所示。

图9-20　绘制对象　　　　　　图9-21　填充渐变色　　　　图9-22　制作喷头底部

16 → 下面制作喷嘴，使用◯(椭圆形工具)绘制正圆轮廓，如图9-23所示。

17 → 为正圆填充渐变色，效果如图9-24所示。

18 → 将绘制完毕的香水瓶移动至背景上，使用▩(透明度工具)，设置"透明度类型"为"均匀透明度"、"合并模式"为"常规"、"透明度"为24，效果如图9-25所示。

图9-23　绘制正圆　　　　图9-24　填充渐变色　　　　图9-25　添加透明效果

19 → 下面制作香水瓶内的导管，使用▢(矩形工具)绘制一个矩形，如图9-26所示。

20 → 使用◈(交互式填充工具)填充导管，取消矩形的轮廓，效果如图9-27所示。

21 → 按快捷键Ctrl+PgDn将导管向后移动改变其顺序，按快捷键Ctrl+PgDn多次直到移动至瓶身后为止，此时香水瓶制作完毕，效果如图9-28所示。

图9-26　绘制矩形　　　　图9-27　渐变填充　　　　　　　图9-28　改变顺序

制作香水瓶倒影

01 → 框选整个香水瓶，按快捷键Ctrl+C复制，再按快捷键Ctrl+V粘贴，得到一个香水瓶副本，单击▣(垂直镜像)按钮，将副本镜像，效果如图9-29所示。

02 → 选择副本，执行菜单中的"位图"＞"转换为位图"命令，打开"转换为位图"对话框，设置"分辨率"为150，勾选"透明背景"和"光滑处理"复选框，设置完毕后单击OK按钮，将副本转换为位图，如图9-30所示。

03 → 使用▦(透明度工具)在位图上从上向下拖动添加透明效果，此时倒影制作完毕，效果如图9-31所示。

图9-29　镜像副本　　　图9-30　转换为位图　　　　　　图9-31　添加倒影

制作香水瓶绕光图形

01 → 使用▨(钢笔工具)绘制围绕香水瓶的轮廓路径，效果如图9-32所示。

02 → 在"颜色"泊坞窗中右击白色色块，将轮廓填充为白色，设置"轮廓宽度"为2mm，效果如图9-33所示。

03 → 执行菜单中的"对象"＞"将轮廓转换为对象"命令或按快捷键Ctrl+Shift+Q，将绘制的轮廓转换为对象，如图9-34所示。

04 → 按快捷键Ctrl+C复制对象，再按快捷键Ctrl+V粘贴，得到一个曲线对象副本，选择副本，执行菜单中的"位图"＞"转换为位图"命令，打开"转换为位图"对话框，设置"分辨率"为150，勾选"透明背景"和"光滑处理"复选框，设置完毕后单击OK按钮，将副本转换为位图，再执行菜单中的"位图"＞"模糊"＞"高斯式模糊"命令，打开"高斯式模糊"对话框，设置其中的参数，如图9-35所示。

05 → 设置完毕后单击OK按钮，效果如图9-36所示。

图9-32　绘制路径

图9-33　填充白色轮廓并设置宽度

图9-34　转换轮廓为对象

06 → 　按快捷键Ctrl+PgDn向下调整顺序，将模糊后的位图放置到曲线对象的后面并选中，选择▩(透明度工具)，设置"透明度类型"为"均匀透明度"、"合并模式"为"常规"、"透明度"为24，如图9-37所示。

图9-35　"高斯式模糊"对话框

图9-36　模糊效果

07 → 　将曲线与模糊后的位图一同选中，按快捷键Ctrl+PgDn向下调整顺序，将其调整至香水瓶的后面，如图9-38所示。

08 → 　使用▨(贝塞尔工具)在香水瓶与绕光相交的区域绘制轮廓，如图9-39所示。

图9-37　调整透明度

图9-38　改变顺序

图9-39　绘制轮廓

09 → 　将轮廓与绕光一同选中，单击属性栏中的▣(相交)按钮，再按快捷键Shift+PgUp将其放置到最顶层，效果如图9-40所示。

10 → 　将轮廓删除，使用同样的方法在香水喷嘴处制作相交效果，使绕光区域放置到香水瓶前，至此绕光部分制作完毕，效果如图9-41所示。

图9-40　相交改变顺序

图9-41　绕光效果

制作香水修饰部分

01 选择工具箱中的 (艺术笔工具)，单击属性栏中的 (喷涂)按钮，设置"类别"为"植物"，在下拉列表中选择"叶子"，在文档上绘制树叶，效果如图9-42所示。

02 按快捷键Ctrl+K打散路径，选择绘制的路径将其删除，再按快捷键Ctrl+U取消群组，选择其中的一个树叶并移动至香水瓶底部，效果如图9-43所示。

图9-42 绘制树叶

图9-43 移动树叶

03 复制树叶并移动至另一位置，将树叶旋转并放大，效果如图9-44所示。

04 选择工具箱中的 (艺术笔工具)，单击属性栏中的 (喷涂)按钮，设置"类别"为"其他"，在下拉列表中选择有金鱼的选项，在文档中绘制金鱼，效果如图9-45所示。

图9-44 复制树叶

图9-45 绘制金鱼

05 按快捷键Ctrl+K打散路径，选择绘制的路径将其删除，再按快捷键Ctrl+U取消群组，选择其中的金鱼，调整大小后，放置到背景上，效果如图9-46所示。

06 执行菜单中的"文本">"字形"命令，打开"字形"泊坞窗，选择一个花图案拖动至背景上填充白色，取消轮廓，如图9-47所示。

07 使用 (阴影工具)在花上拖动创建阴影，在属性栏中设置参数值，效果如图9-48所示。

图9-46 调整金鱼图形

图9-47 插入字符

图9-48 添加阴影

08 在背景底部绘制一个矩形并填充黑色，复制金鱼图形后移动至黑色矩形上，并填充白色，效果如图9-49所示。

09 在图形内输入相应文字，完成本例的制作，最终效果如图9-50所示。

图9-49　复制矩形　　　　　　　　　　图9-50　最终效果

案例44　手机广告

教学视频

　　本案例的目的是让读者了解在CorelDRAW中使用各个工具和命令相结合制作手机广告的方法。图9-51为手机广告制作流程图。

图9-51　制作流程图

案例　重点

- 使用交互式填充工具
- 底纹填充
- 使用透明度工具
- 使用钢笔工具
- PowerCilp

案例　步骤

制作广告背景

　　01 执行菜单中的"文件">"新建"命令，新建一个空白文档。使用▢(矩形工具)在文档中绘制一个"宽度"为292mm、"高度"为205mm的矩形，在工具箱中选择◈(交互式填充工具)，打开"编辑填充"对话框，设置其中的参数，如图9-52所示。

　　02 设置完毕后单击OK按钮，效果如图9-53所示。

　　03 按快捷键Ctrl+C复制，再按快捷键Ctrl+V粘贴得到一个矩形副本，在工具箱中选择◈(交互式填充工具)，打开"编辑填充"对话框，设置其中的参数，如图9-54所示。

图9-52 "编辑填充"对话框

设置左侧的颜色为(C:100 M:0 Y:0 K:0),右侧的颜色为(C:100 M:100 Y:0 K:0)

图9-53 填充渐变色

图9-54 设置底纹填充

04 设置完毕后单击OK按钮,效果如图9-55所示。

05 选择 (透明度工具),设置"透明度类型"为"椭圆形渐变透明度",效果如图9-56所示。

06 单击 (编辑透明度)按钮,进入"编辑透明度"对话框,设置其中的参数,如图9-57所示。

图9-55 底纹填充

图9-56 椭圆形渐变透明效果

图9-57 "编辑透明度"对话框

07 设置完毕后单击OK按钮,此时背景制作完毕,效果如图9-58所示。

制作广告中的人物部分

01 导入附赠资源中的"素材\第9章\跳高"素材,如图9-59所示。

02 单击 (水平镜像)按钮,水

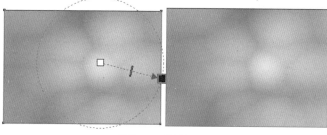
图9-58 渐变透明

平镜像素材后移动至背景右上角,使用 (透明度工具),设置"透明度类型"为"椭圆形渐变透明度"、"合并模式"为"乘",如图9-60所示。

03 单击 (编辑透明度)按钮,进入"编辑透明度"对话框,设置其中的参数,如图9-61所示。

图9-59 导入素材

图9-60 水平镜像并移动

图9-61 "编辑透明度"对话框

04 设置完毕后单击OK按钮,效果如图9-62所示。

05 选择"跳高"素材,执行菜单中的"对象">"PowerCilp">"置于图文框内部"命令,使用箭头在背景矩形上单击,将人物放置到矩形内,此时人物部分制作完成,如图9-63所示。

图9-62　渐变透明

图9-63　放置到容器内

制作手机与修饰部分

01 → 导入附赠资源中的"素材\第9章\手机"素材，效果如图9-64所示。

02 → 将手机移动至背景处并将其缩小，复制一个副本并移动至相应位置，效果如图9-65所示。

03 → 使用▣(钢笔工具)在背景上绘制曲线轮廓，按快捷键Ctrl+Shift+Q将轮廓转换为对象，效果如图9-66所示。

图9-64　手机素材

图9-65　移动并缩小素材

图9-66　绘制轮廓并转换为对象

04 → 复制轮廓线，得到图9-67所示的效果。

05 → 框选轮廓，按快捷键Ctrl+L结合轮廓，效果如图9-68所示。

图9-67　复制线条

图9-68　结合线条

06 → 使用▣(透明度工具)从左向右拖动鼠标添加线性渐变透明效果，如图9-69所示。

07 → 旋转左面的手机，复制一个副本，单击▣(垂直镜像)按钮，将副本镜像，如图9-70所示。

图9-69　线性渐变透明效果

图9-70　镜像手机副本

08 → 使用▣(透明度工具)从镜像的手机底部向下拖动，创建线性渐变透明，效果如图9-71所示。

09 → 使用 ⬚(文本工具)在相应位置输入与广告对应的文字，至此本例制作完毕，最终效果如图9-72所示。

图9-71　透明效果

图9-72　最终效果

本章练习

设计一个饮料产品类广告，要求大小为180mm×135mm，设计时一定要围绕饮料主题进行。

第10章 书籍装帧设计

在书籍装帧设计中，只有从事整体设计的才能称之为装帧设计或整体设计；只完成封面或版式等部分设计的，称作封面设计或版式设计。本章精心制作了杂志封面设计、技术类图书封面设计两个案例，通过案例形式来展现书籍装帧设计中封面设计的相关知识。

书籍装帧设计涵盖从书籍文稿到成书出版的整个设计过程，也是完成从书籍形式的平面化到立体化的过程，它包含艺术思维、构思创意和技术手法的系统设计，包括书籍的开本、装帧形式、封面、腰封、字体、版面、色彩、插图，以及纸张材料、印刷、装订及工艺等各个环节的艺术设计。

装帧构成

一般书籍装帧设计的装订技术分为平装和精装两种。

平装是相对于精装而言的，所谓的"平"是指一般、朴素和普通。平装书籍一般采用纸质封面，制作工艺简单，成本较低，如图10-1所示。

图10-1 平装书籍

精装书籍与平装书籍内页的装订基本相同，但是在装订使用的材料上有很大的区别，一般会使用坚固的材料作为封面，以便更好地保护书页，同时大量使用精美的材料装帧书籍，如封面材料使用羊皮、绒布、漆布、绸缎、亚麻等，如图10-2所示。

图10-2 精装书籍

书籍的结构涉及多个术语，如图10-3所示。下面对此逐一说明。

● 书芯：由扉页、目录、正文等部分构成的阅读主体，这是书中用纸量最大的部分。

● 书封：套在书芯外面起保护和装饰作用的部分，包括封面、封底、勒口和书背。书封通常用较厚的纸，但注意不能在折叠或压槽时开裂。

● 封面：指书封的首页，有书名、作者名、出版社名称，有些书籍还会有简单的宣传语。

图10-3 书籍各部分名称

● 封底：指书封的末页，有条形码、书号、定价等信息。条形码必须印在一个白色的方块上。

● 勒口：指封面或封底在开口处向内折的部分。不是每本书都有勒口，但勒口可以加固开口处的边角，并丰富书封的内容，勒口处常有内容简介、作者简介、书评等。

● 书脊：指封面和封底相连的地方，这里有书名、作者名、出版社名称或其他信息。

● 压槽：在封面上距离书脊大约1cm处有一条折线，这使读者在打开封面时不会把书芯带起来。

● 腰封：在书封外另套的一层可拆卸的装饰纸，可用铜版纸或特种纸，上面印有宣传语。

● 衬纸：夹在书封和书芯之间的装饰页。

● 插页：一些重要的图标或插图，夹在正文中，或放在正文的前面。

● 扉页：指书芯的首页，至少要有书名、作者名和出版社名称。

● 版权页：一般在扉页背面或书芯的最后一页，记录有关出版的信息。

● 开本：如890mm×1230mm，是指该书的书芯使用全张纸尺寸890mm×1230mm，最终的成品尺寸是32开。

● 字数：指内文的行数乘以每行的字数，是图书的版面字数。

● 版心：指页面中主要内容所在的区域。

设计要素

文字

封面上要有简练的文字，主要是书名(包括丛书名、副书名)、作者名和出版社名。这些放在封面上的文字信息，在设计中起着举足轻重的作用，如图10-4所示。

图10-4 封面文字

图形

图形包括图片、插图和图案，有写实的，有抽象的，还有写意的。

色彩

色彩是很容易打动读者的设计语言，虽然每个人对色彩的感觉有差异，但对色彩的感官认识是有共同之处的。因此，色调的设计要与书籍内容的基本情调相呼应。

构图

构图的形式有垂直、水平、倾斜、曲线、交叉、向心、放射、三角、叠合、边线、散点、底纹等。

装帧形式

● 卷轴装：这是中国一种古老的装帧形

式，特点是长篇卷起来后方便保存，比如隋唐时期的经卷。图10-5为卷轴装样式。

● 经折装：是在卷轴装的形式上改进的，特点是一反一正地翻阅，非常方便，如图10-6所示。

● 旋风装：是在经折装的基础上改进的，特点是像贴瓦片那样叠加纸张，也需要卷起来收存，如图10-7所示。

● 蝴蝶装：是将书籍页面对折后粘连在一起，像蝴蝶的翅膀一样，不用线却很牢固，如图10-8所示。

图10-5　卷轴装

图10-6　经折装

图10-7　旋风装

图10-8　蝴蝶装

案例45　杂志封面设计

教学视频

本案例的目的是让读者了解在CorelDRAW中使用各个工具和命令相结合制作杂志封面的方法。图10-9为杂志封面制作流程图。

图10-9　制作流程图

案例　重点

● 使用透明度工具　　● 打散文字　　● 造型　　● PowerCilp

案例　步骤

制作背景

01 → 执行菜单中的"文件">"新建"命令，新建一个空白文档。使用□(矩形工具)在文档中绘制一个"宽度"为185mm、"高度"为260mm的矩形，如图10-10所示。

02 → 将刚刚绘制的矩形先放置到一边，导入附赠资源中的"素材\第10章\登山、月空"素材，效果如图10-11所示。

图10-10　绘制矩形

图10-11　导入素材

03 → 使用▶(选择工具)选择素材，按住Shift键拖动控制点，将素材等比例缩小，将"宽度"设置为200mm，再将"月空"素材移动至"登山"素材上方，如图10-12所示。

04 → 使用▨(透明度工具)在月空的顶部向下拖动，为位图创建线性渐变透明效果，至此背景制作完毕，如图10-13所示。

图10-12　移动素材　　　图10-13　透明效果

制作名称文字

01 → 使用字(文本工具)在文档中输入文字"探险"，按快捷键Ctrl+K将文字打散，如图10-14所示。

02 → 选择"探"字，按快捷键Ctrl+Q将文字转换为曲线，再按快捷键Ctrl+K打散曲线，将没有连接的区域删除，如图10-15所示。

03 → 使用☑(贝塞尔工具)在文字曲线中绘制封闭的曲线路径，如图10-16所示。

图10-14　输入文字　　　　　　图10-15　编辑文字　　　　　　图10-16　绘制曲线

04 → 框选文字曲线与刚刚绘制的封闭曲线，执行菜单中的"对象">"造型">"形状"命令，打开"形状"泊坞窗，设置"形状"为"简化"，单击"应用"按钮，将曲线进行简化处理，效果如图10-17所示。

05 → 选择封闭曲线并按Delete键将其删除，再使用◎(椭圆形工具)绘制椭圆作为眼睛，过程如图10-18所示。

06 → 使用◎(椭圆形工具)绘制两个正圆轮廓，如图10-19所示。

图10-17　简化曲线

图10-18　绘制眼睛

07 → 将两个正圆一同选中，在"形状"泊坞窗中，设置"形状"为"简化"，单击"应用"按钮，将正圆进行简化处理，效果如图10-20所示。

图10-19　绘制正圆

图10-20　简化正圆

08 → 将上面的正圆删除，为月牙填充黑色，如图10-21所示。

09 → 将制作的名称文字移动至背景上，为其填充灰色轮廓，至此该部分制作完毕，效果如图10-22所示。

制作修饰文字

使用字(文本工具)在背景上输入相应文字，字体按照自己的喜好进行选择，改变文字颜色，过程如图10-23所示。

图10-21　填充

图10-22　名称文字

图10-23　输入文字

图框精确剪裁部分

01 → 框选上面的文字，执行菜单中的"对象">"PowerCilp">"置于图文框内部"命令，此时使用黑色箭头在之前绘制的矩形框内单击，如图10-24所示。

02 → 执行菜单中的"对象">"PowerCilp">"编辑PowerClip"命令，此时会进入容器框内进行编辑，将图像移动至蓝色矩形框内，效果如图10-25所示。

03 → 执行菜单中的"对象">"PowerCilp">"完成编辑PowerCilp"命令，此时杂志封面制作完毕，效果如图10-26所示。

04 → 为封面添加立体效果，如图10-27所示。

图10-24　放置到容器内

图10-25　编辑

图10-26　杂志封面

图10-27　最终效果

案例46　技术类图书封面设计

教学视频

本案例的目的是让读者了解在CorelDRAW中使用各个工具和命令相结合制作技术类图书封面的方法。图10-28为技术类图书封面制作流程图。

图10-28　制作流程图

案例　重点

- 合并
- 相交
- 使用阴影工具
- 插入字形

案例　步骤

制作封面合成图像

01 → 执行菜单中的"文件">"新建"命令，新建一个空白文档。使用□(矩形工具)在文档中绘制一个"宽度"为185mm、"高度"为260mm的矩形，如图10-29所示。

02 → 导入附赠资源中的"素材\第10章\侧影"素材，如图10-30所示。

03 → 将素材移动至矩形框内并调整大小，如图10-31所示。

图10-29　绘制矩形　　　　　图10-30　导入素材　　　　　图10-31　移动素材

04 → 使用□(矩形工具)在文档中绘制矩形，设置圆角值为5，效果如图10-32所示。

05 → 复制圆角矩形，改变大小并调整位置，效果如图10-33所示。

06 → 框选所有圆角矩形，执行菜单中的"对象">"造型">"合并"命令，将其变为一个整体，并将合并后的对象移动至背景上，如图10-34所示。

图10-32　绘制圆角矩形　　　　图10-33　复制矩形　　　　图10-34　合并矩形

07 → 将合并对象与素材一同选中，执行菜单中的"对象">"造型">"相交"命令，删除合并对象，效果如图10-35所示。

08 → 选中素材，选择▨(透明度工具)，设置"透明度类型"为"均匀透明度"、"合并模式"为"常规"、"透明度"为87，效果如图10-36所示。

图10-35　相交效果　　　　　　　　图10-36　透明效果

09 → 使用○(椭圆形工具)绘制3个正圆，如图10-37所示。

10 → 导入附赠资源中的"素材\第10章\001、002"素材，如图10-38所示。

图10-37　绘制正圆　　　　　　　　　　　　　　　图10-38　导入素材

11 → 选择001素材，执行菜单中的"对象">"PowerClip">"置于图文框内部"命令，此时使用黑色箭头在之前绘制的正圆内单击，效果如图10-39所示。

12 → 执行菜单中的"对象">"PowerClip">"编辑PowerClip"命令，此时会进入容器框内进行编辑，将图像移动至蓝色圆形框内，效果如图10-40所示。

图10-39　放置到容器内　　　　　　　　　　　　　图10-40　编辑内容

13 → 执行菜单中的"对象">"PowerClip">"完成编辑PowerClip"命令，效果如图10-41所示。

14 → 使用同样的方法将002素材放置到另一个圆形内，将001素材放置到最小圆形内，此时合成图像部分制作完毕，效果如图10-42所示。

图10-41　完成编辑PowerClip　　　　　　　　　　图10-42　合成图像部分效果

制作封面顶部

01 → 在合成图像部分绘制一个白色矩形，如图10-43所示。

02 → 导入附赠资源中的"素材\第10章\光盘"素材，移动至左上角处，如图10-44所示。

03 → 输入文字，完成封面顶部制作，效果如图10-45所示。

图10-43　绘制矩形

图10-44　移动素材

制作封面底部

01 → 输入主题文字，效果如图10-46所示。

02 → 执行菜单中的"文本">"字形"命令，打开"字形"泊坞窗，设置其中的参数，如图10-47所示。将插入的字符填充黑色并缩小后移动至相应位置。

03 → 将其他运动符号插入文字中，效果如图10-48所示。

04 → 使用□(矩形工具)绘制一个蓝色矩形，效果如图10-49所示。

图10-45　输入文字1

图10-46　输入文字2

图10-47　"字形"泊坞窗

图10-48　插入字符

图10-49　绘制蓝色矩形

05 → 输入图书的版本、作者名称、出版社名称，完成本例的制作，效果如图10-50所示。

06 → 使用同样的方法可以再制作一个其他色调的封面，效果如图10-51所示。

图10-50 最终效果1

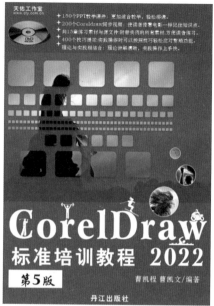

图10-51 最终效果2

本章练习

练习

为自己喜欢的图书设计封面和封底。

第11章

包装设计

包装设计是与市场流通结合最紧密的设计之一，设计的成败完全依赖于市场的检验，所以市场学、消费心理学始终贯穿于包装设计中。本章精心制作了湿纸巾包装、酒瓶包装两个案例，通过案例形式来展现包装设计的相关知识。

包装是产品由生产进入市场流通的一个重要环节。包装设计是包装的灵魂，是将产品信息与造型、结构、色彩、图形、排版及设计辅助元素做连接，而使产品可以在市场上销售的行为。激烈的市场竞争不但刺激了商品与消费的增长，同时推动了企业战略的更新，其中包装设计也被放在市场竞争的重要位置。这就是多年来包装设计中表现手法和形式越来越具有开拓性和目标性的根本原因。包装设计包含设计领域中的平面构成、立体构成、文字构成、色彩构成及插图、摄影等，是一门综合性很强的设计专业学科。

包装的分类形式

按形态性质分类，可以将包装分为单个包装(图11-1)、集合包装(图11-2)、内包装、外包装等。

图11-1　单个包装

图11-2　集合包装

按使用功能分类，可以将包装分为流通包装、储存包装、保护包装(图11-3)、销售包装(图11-4)等。

图11-3　保护包装

图11-4　销售包装

按使用材料分类，可以将包装分为木箱包装、瓦楞纸箱包装(图11-5为纸盒包装)、塑料类包装(图11-6)、金属类包装、玻璃和陶瓷类包装、软性包装和复合包装等。

图11-5 纸盒包装

图11-6 塑料包装

按包装产品分类,可以将包装分为食品包装(图11-7)、药品包装、纤维织物包装、机械产品包装、电子产品包装(图11-8)、危险品包装、蔬菜瓜果包装、花卉包装和工艺品包装等。

图11-7 饮料包装

图11-8 电子产品包装

按包装方法分类,可以将包装分为防水包装(图11-9)、缓冲包装、保鲜包装、开放式包装(图11-10)、密闭式包装、真空包装和压缩包装等。

图11-9 防水包装

图11-10 开放式包装

包装设计要求

产品的包装设计要避免与同类产品雷同,设计定位要针对特定的购买人群,要在独创性、新颖性和指向性方面下功夫。下面介绍一些包装设计的要点和要求。

造型统一

设计同一系列或同一品牌的包装,在图案、文字、造型上必须给人大致统一的印象,以增强产品的品牌感、整体感和系列感,当然也可以采用某些色彩变化来展现产品的不同性质,从而吸引相应的客户,如图11-11所示。

图11-11　造型统一的包装设计

外形设计

　　包装的外形设计必须根据其内容物的形状和大小、价格档次和消费者对象等多方面因素进行综合考虑，并做到外包装和内容物品设计形式的统一，力求符合不同层次顾客的购买心理，使他们产生对商品的认同感。如高档次、高消费的商品要尽量设计得造型独特、品位高雅；大众化、廉价的商品则应该设计得符合时尚潮流，能够迎合普通大众的消费心理，如图11-12所示。

图11-12　不同外形的包装设计

图形设计

　　包装设计采用的图形可以分为具象、抽象与装饰三种类型，图形设计内容包括品牌形象、产品形象、应用示意图、辅助性装饰图形等多种形式。

　　图形设计的信息传达要准确、鲜明、独特，具象图形真实感强，容易使消费者了解商品内容。抽象图形形式感强，其象征性容易使顾客对商品产生联想。装饰性图形则能够出色地表现商品的某些特定文化内涵，如图11-13所示。

图11-13　不同的图形包装设计

文字设计

　　应该根据商品的销售定位和广告创意要求对包装的字体进行统一设计，同时还要根据国家对商品包装设计的有关规定，在包装上标示出应有的说明文字，如商品的成分、性能和使用方法等，还必须附有商品条形码。

色彩设计

　　商品包装的色彩设计要注意针对不同商品的类型和卖点，使顾客可以从日常生活所积累的色彩经验中自然而然地对该商品产生视觉心理认同感，从而达成购买行为。

材料环保

　　在设计包装时应该从环保的角度出发，尽量采用可以自然分解的材料，或通过减少包装耗材而降低废弃物的数量，还可以提高包装容器设计的精美度、实用性，使包装容器设计向着可被消费者作为日常生活器具加以二次利用的方向发展。

编排构成

必须将上述图形、文字、色彩、材料等包装设计要素按照设计创意进行统一的编排、整合，以形成整体的、系列的包装形象，如图11-14所示。

图11-14　整体包装设计

案例47　湿纸巾包装

教学视频

本案例的目的是让读者了解在CorelDRAW中使用各个工具和命令相结合制作湿纸巾包装的方法。图11-15为湿纸巾包装制作流程图。

图11-15　制作流程图

案例　重点

- 使用矩形工具
- 插入条形码
- 使用贝塞尔工具
- 使用透明度工具
- 使用形状工具

案例　步骤

制作背景

01 → 执行菜单中的"文件">"新建"命令，新建一个空白文档。使用▢(矩形工具)在文档中绘制一个"宽度"为290mm、"高度"为120mm的矩形，如图11-16所示。

02 → 在标尺处水平向矩形上拖动出两条辅助线，用于对包装区域进行划分，如图11-17所示。

图11-16 绘制矩形　　　　　　　　　图11-17 创建辅助线

03 → 设置轮廓色为绿色、填充色为淡黄色，设置"轮廓宽度"为1.5mm，如图11-18所示。

04 → 使用 (贝塞尔工具)在矩形下面绘制一个封闭轮廓，如图11-19所示。

图11-18 设置轮廓宽度并填充颜色　　　　　　　图11-19 绘制轮廓

05 → 在"颜色"泊坞窗中单击绿色色块、右击⊠(无填充)色块，为其填充绿色并取消轮廓，如图11-20所示。

06 → 使用 (贝塞尔工具)在左上角绘制树枝并填充绿色，如图11-21所示。

图11-20 填充绿色　　　　　　　　　图11-21 绘制树枝

07 → 使用 (贝塞尔工具)在树枝下面绘制树叶，填充绿色，如图11-22所示。

08 → 复制树叶并进行旋转和缩放，效果如图11-23所示。

图11-22 绘制树叶　　　　　　　　　图11-23 复制对叶

09 → 使用同样的方法，制作背景中的树叶与树枝，如图11-24所示。

10 → 下面绘制背景中的橘子，使用 (贝塞尔工具)绘制橘子的外形并填充橘色，如图11-25所示。

11 → 使用 (贝塞尔工具)绘制橘子叶，效果如图11-26所示。

12 → 复制橘子并调整大小。至此背景部分制作完毕，效果如图11-27所示。

图11-24 绘制树叶与树枝

图11-25 绘制橘子　　图11-26 绘制橘子叶　　　　　　图11-27 背景部分

绘制卡通小人

01 → 使用◯(椭圆形工具)在文档中绘制人物头部椭圆，按快捷键Ctrl+Q将椭圆转换为曲线，再使用◐(形状工具)对头部进行形状调整，如图11-28所示。

02 → 在"颜色"泊坞窗中找到与脸部颜色最接近的色块单击以填充颜色，如图11-29所示。

图11-28 调整椭圆曲线　　　　　图11-29 填充面部颜色

03 → 使用◯(椭圆形工具)在脸上绘制眼睛并填充黑色与白色，效果如图11-30所示。

04 → 使用◯(多边形工具)在眼睛下面绘制三角形作为人物的鼻子，效果如图11-31所示。

图11-30 绘制眼睛　　　　　　　　　　　　图11-31 绘制鼻子

05 → 使用◊(钢笔工具)在鼻子下面绘制一条曲线作为人物的嘴巴，效果如图11-32所示。

06 → 使用◯(椭圆形工具)在嘴角处绘制一个灰色的椭圆，作为嘴角，效果如图11-33所示。

07 → 使用◊(钢笔工具)在头顶处绘制头发轮廓并填充黑色，作为头发，效果如图11-34所示。

图11-32　绘制嘴巴　　　　图11-33　绘制嘴角　　　　　　图11-34　绘制头发

08 → 使用⬭(椭圆形工具)结合✒(贝塞尔工具)绘制人物的耳朵，框选后移动至头部边缘，按快捷键Ctrl+PgDn数次向下调整顺序，直到调整到头部后面为止，效果如图11-35所示。

09 → 复制耳朵并移动至另一面，单击属性栏中的⬓(水平镜像)按钮，此时两只耳朵制作完毕，效果如图11-36所示。

图11-35　绘制耳朵1　　　　　　　　　　　　　　　　图11-36　绘制耳朵2

10 → 下面绘制人物的身体。使用⬭(椭圆形工具)绘制椭圆后，按快捷键Ctrl+Q将其转换为曲线，使用⬚(形状工具)拖动调整曲线，再使用✒(贝塞尔工具)在身体上绘制两条曲线，框选后调整顺序到后面，效果如图11-37所示。

11 → 使用▨(智能填充工具)为人物身体图形填充橘色和红色，效果如图11-38所示。

图11-37　绘制身体　　　　　　　　　　　　　　　图11-38　填充颜色

12 → 使用⬭(椭圆形工具)绘制衣服扣子，效果如图11-39所示。

13 → 使用◎(螺纹工具)在衣服与裤子之间绘制肚脐，效果如图11-40所示。

14 → 使用⬭(椭圆形工具)结合✒(贝塞尔工具)在衣服上绘制衣兜，效果如图11-41所示。

图11-39　衣服扣子　　　　图11-40　肚脐　　　　　　　图11-41　衣兜

15 → 下面再绘制人物的四肢，使用▧(贝塞尔工具)在身体边缘绘制曲线，如图11-42所示。

16 → 使用▧(贝塞尔工具)绘制人物的脚并填充蓝色，如图11-43所示。

17 → 使用▧(贝塞尔工具)绘制人物的手并填充与脸同样的颜色，至此人物部分绘制完毕，如图11-44所示。

轮廓宽度为0.2mm

轮廓宽度为0.75mm

图11-42　四肢

图11-43　脚

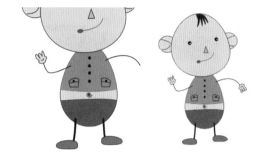

图11-44　手

18 → 框选人物，按快捷键Ctrl+G群组后将其移动至背景上，在人物头部再复制一个橘子，效果如图11-45所示。

绘制包装主体部分修饰

01 → 选择工具箱中的▧(艺术笔工具)，单击属性栏中的▧(喷涂)按钮，设置"类别"为"其他"，在下拉列表中选择带小狗的"动物"，在文档上绘制小动物，效果如图11-46所示。

图11-45　人物与背景

02 → 按快捷键Ctrl+K打散路径，选择绘制的路径将其删除，再按快捷键Ctrl+U取消群组，选择其中的一个小狗，如图11-47所示。

图11-46　绘制小动物

打散

取消群组后选择

图11-47　选择小狗

03 → 将选择的小狗移动至人物的右边，并调整大小，效果如图11-48所示。

04 → 选择▧(常见形状工具)，在属性栏中的▧(条幅形状)下拉菜单中选择一个标题，在背景上绘制并填充相应的颜色，效果如图11-49所示。

05 → 选择▧(常见形状工具)，在属性栏中的▧(完美形状)下拉菜单中选择一个形状，在背景上绘制并填充相应的颜色，效果如图11-50所示。

06 → 使用▧(钢笔工具)在背景处绘制轮廓并填充绿色，效果如图11-51所示。

图11-48 移动小狗

图11-49 绘制形状1

图11-50 绘制形状2

图11-51 绘制形状3

07 → 使用 ■(文本工具)在背景处相应位置输入需要的文字，并设置与之对应的文字，至此包装主体部分修饰绘制完成，效果如图11-52所示。

图11-52 包装主体部分修饰

制作条形码区域

01 → 选择▢(矩形工具)，在两条辅助线中间绘制一个矩形，在属性栏中设置圆角值为5，效果如图11-53所示。

02 → 选择▨(透明度工具)，设置"透明度类型"为"均匀透明度"、"合并模式"为"常规"、"透明度"为31，效果如图11-54所示。

图11-53　绘制圆角矩形

图11-54　设置透明度

03 → 执行菜单中的"对象">"插入">"条形码"命令，打开"条码向导"对话框，设置其中的参数，如图11-55所示。

04 → 单击"下一步"按钮，在打开的界面中设置参数，如图11-56所示。

图11-55　设置参数1

图11-56　设置参数2

05 → 单击"下一步"按钮，在打开的界面中设置参数，如图11-57所示。

06 → 单击"完成"按钮，完成条形码设置，此时文档上会自动插入一个条形码，效果如图11-58所示。

图11-57　设置参数3

图11-58　插入条形码

07 → 单击将缩放变换框转换为旋转与斜切变换框，将条形码进行-90°旋转，移动至透明圆角矩形上，效果如图11-59所示。

08 → 使用▨(钢笔工具)绘制轮廓并填充绿色，效果如图11-60所示。

09 → 复制小人、小狗和橘子，缩小后移动至相应位置并旋转，效果如图11-61所示。

图11-59　旋转条形码

图11-60　绘制轮廓并填充绿色

图11-61　复制图形

10 → 输入与之对应的文本，绘制5个星形，完成条形码区域的制作，效果如图11-62所示。

制作厂家与产品说明

01 → 使用▢(矩形工具)在最右侧绘制矩形并填充绿色，效果如图11-63所示。

图11-62　条形码区域

02 → 选择▨(透明度工具)，设置"透明度类型"为"均匀透明度"、"合并模式"为"常规"、"透明度"为62，效果如图11-64所示。

03 → 透明效果制作完毕后，输入公司名称、地址和产品成分等，至此本例制作完毕，效果如图11-65所示。

图11-63　绘制矩形

图11-64　设置透明度

图11-65 湿纸巾包装

04 → 最终效果如图11-66所示。

图11-66 最终效果

案例48

酒瓶包装

教学视频

本案例的目的是让读者了解在CorelDRAW中使用各个工具和命令相结合制作酒瓶包装的方法。图11-67为酒瓶包装制作流程图。

图11-67 制作流程图

案例 重点

- 使用交互式填充工具
- 艺术笔描边
- 转换为位图
- 使用透明度工具

案例 步骤

制作背景

01 → 执行菜单中的"文件">"新建"命令，新建一个空白文档。使用□(矩形工具)在文档中绘制一个矩形。在工具箱中选择◈(交互式填充工具)，打开"编辑填充"对话框，设置其中的参数，如图11-68所示。

设置左侧的颜色为
(C:100 M:0 Y:0 K:0)
右侧的颜色为
(C:0 M:0 Y:0 K:0)

图11-68 "编辑填充"对话框

02 → 设置完毕后单击OK按钮，右击⊠(无填充)色块取消矩形的轮廓效果，如图11-69所示。

03 → 使用□(矩形工具)在背景下面绘制一个小一些的矩形，如图11-70所示。

04 → 在工具箱中选择◈(交互式填充工具)，打开"编辑填充"对话框，设置其中的参数，如图11-71所示。

图11-69 填充渐变色　　　　图11-70 绘制矩形

设置左侧的颜色为
(C:100 M:0 Y:0 K:0)
右侧的颜色为
(C:0 M:0 Y:20 K:0)

图11-71 "编辑填充"对话框

05 → 设置完毕后单击OK按钮，右击⊠(无填充)色块取消矩形的轮廓效果，至此背景制作完毕，效果如图11-72所示。

制作酒瓶

01 → 使用 ✒(钢笔工具)在背景上绘制一个酒瓶的轮廓，填充为(C:100 M:20 Y:0 K:0)，取消轮廓，效果如图11-73所示。

02 → 绘制一个白色的图形，效果如图11-74所示。

图11-72 完成背景制作

图11-73 绘制并填充图形

图11-74 绘制图形

03 → 使用 ☊(调和工具)在蓝色图形上向白色图形拖动，此时会创建调和效果，如图11-75所示。

04 → 在属性栏中设置调和对象的步长值为53，效果如图11-76所示。

图11-75 调和效果

图11-76 设置步长值

05 → 使用 ◯(椭圆形工具)在瓶口处绘制椭圆轮廓，设置颜色为青色，如图11-77所示。

06 → 在工具箱中选择 ◈(交互式填充工具)，打开"编辑填充"对话框，设置其中的参数，如图11-78所示。

07 → 设置完毕后单击OK按钮，效果如图11-79所示。

图11-77 绘制椭圆

08 → 按快捷键Ctrl+C复制，再按快捷键Ctrl+V粘贴，得到一个副本，单击属性栏中的 ◫(水平镜像)按钮，右击 ⊠(无填充)色块取消椭圆的轮廓效果，将副本缩小，如图11-80所示。

09 → 在瓶底处绘制椭圆并填充渐变色，制作瓶底效果，此时酒瓶制作完毕，效果如图11-81所示。

制作酒瓶修饰

01 → 选择工具箱中的 🖊 (艺术笔工具)，单击属性栏中的 🖌 (喷涂)按钮，设置"类别"为"植物"，在下拉列表中选择"植物"，在文档上绘制三叶草，效果如图11-82所示。

02 → 按快捷键Ctrl+K打散路径，选择绘制的路径将其删除，再按快捷键Ctrl+U取消群组，选择其中的一个叶子图案，如图11-83所示。

设置左侧的颜色为(C:100 M:0 Y:0 K:0)
右侧的颜色为(C:0 M:0 Y:0 K:0)

图11-78 "编辑填充"对话框

图11-79 渐变填充　　图11-80 复制翻转　　图11-81 酒瓶

图11-82 绘制三叶草

图11-83 选择叶子

03 → 移动选择的叶子，将其拖动至瓶边，效果如图11-84所示。

04 → 框选叶子，复制得到副本，填充青色，效果如图11-85所示。

图11-84　移动并复制叶子

图11-85　复制叶子

05 → 选择 ▨(透明度工具)，设置"透明度类型"为"均匀透明度"、"合并模式"为"常规"、"透明度"为51，效果如图11-86所示。

06 → 使用 字(文本工具)在酒瓶上输入文字，效果如图11-87所示。

07 → 输入红色文字，绘制一个矩形框，效果如图11-88所示。

08 → 选择矩形框，执行菜单中的"效果"＞"艺术笔"命令，打开"艺术笔"泊坞窗，选择画笔，单击进行描边，效果如图11-89所示。

图11-86　设置透明效果

图11-87　输入文字1

图11-88　输入文字2

09 → 按快捷键Ctrl+K打散，将矩形轮廓删除，将其填充为红色，效果如图11-90所示。

图11-89　描边

图11-90　填充红色

10 → 此时酒瓶修饰部分制作完毕，效果如图11-91所示。

制作倒影

01 → 框选瓶身及修饰部分，复制得到一个副本，执行菜单中的"位图">"转换为位图"命令，打开"转换为位图"对话框，设置其中的参数，如图11-92所示。

02 → 设置完毕后单击OK按钮，将副本转换为位图后，单击📷(垂直镜像)按钮进行翻转，如图11-93所示。

图11-91　酒瓶

图11-92　"转换为位图"对话框

图11-93　翻转副本

03 → 按快捷键Ctrl+PgDn将位图向下调整顺序，效果如图11-94所示。

04 → 使用📷(透明度工具)从上向下拖动创建渐变透明效果，如图11-95所示。

图11-94　调整顺序

图11-95　创建透明效果

05 → 选择瓶底，复制得到副本并向下移动，效果如图11-96所示。

06 → 选择📷(透明度工具)，设置"透明度类型"为"均匀透明度"、"合并模式"为"常规"、"透明度"为50，效果如图11-97所示。

07 → 至此本例制作完毕，最终效果如图11-98所示。

图11-96　瓶底效果

图11-97　设置透明度

图11-98　最终效果

本章练习

练习

设计并制作一个化妆品包装，然后为其制作效果图。

网页设计

网页设计主要是设计页面的布局，也就是使各种网页构成要素（如文字、图像、图表、菜单等）在网页浏览器中有效地排列。本章精心制作了运动网页界面设计、儿童网页界面设计两个案例，通过案例形式来展现网页设计的相关知识。

在设计网页页面时，需要从整体上把握好各种要素的布局，利用好表格或网格进行辅助设计。只有充分地利用、有效地分割有限的页面空间，或创造出新的空间，并使其布局合理，才能制作出好的网页。

网页设计中的布局分类形式

设计网页页面时常用的版式有单页和分栏两种，在设计时需要根据不同的网站性质和页面内容选择合适的布局形式，根据不同的页面布局形式，可以将常见的网页分为以下几种类型。

- "国"字形：这种结构是网页上使用最多的一种结构类型，是综合性网站常用的版式，即最上面是网站的标题和横幅广告条；接下来是网站的主要内容，左右分列小条内容，通常情况下，左侧是主菜单，右侧放友情链接等次要内容，中间是主要内容，与左右一起罗列到底；最底端是网站的一些基本信息、联系方式、版权声明等。如图12-1所示，这种版面的优点是页面饱满、内容丰富、信息量大；缺点是页面拥挤、不够灵活。

图12-1 "国"字形布局

- 拐角型：又称T字形布局，这种结构与上一种相比只是形式上有区别，其实是很相近的，就是网页上边和左右两侧相结合的布局，通常右侧为主要内容，比例较大。在实际运用中，还可以改变T字形布局的形式，如左右两栏式布局，一半是正文，另一半是形象的图像或导航栏，如图12-2所示，这种版面的优点是页面结构清晰、主次分明，易于使用；缺点是较呆板，如果色彩细节上不到位，很容易让人"看之无味"。

图12-2　拐角型布局

- 标题正文型：这种类型即上面是标题，下面是正文，一些文章页面或注册页面多属于此类型，如图12-3所示。

图12-3　标题正文型布局

- 左右框架型：这是一种分为左右布局的网页，页面结构非常清晰，一目了然，如图12-4所示。

图12-4　左右框架型布局

- 上下框架型：与左右框架型类似，区别在于上下框架型是一种将页面分为上下结构布局的网页，如图12-5所示。

图12-5　上下框架型布局

● 综合框架型：这是一种将左右框架型与上下框架型相结合的网页结构布局方式，如图12-6所示。

图12-6 综合框架型布局

● 封面型：这种类型的页面设计一般很精美，通常出现在时尚类网站、企业网站或个人网站的首页，其优点是简洁、美观，比较吸引人；缺点是可能影响其显示速度，如图12-7所示。

图12-7 封面型布局

● Flash型：这是目前流行的一种页面形式，由于Flash动画功能强大，因此页面所表达的信息更加丰富，且视觉效果出众，如图12-8所示。

图12-8 Flash型布局

网页的设计要求

网页页面设计通过文字与图像的空间组合，表达出和谐与美感。在设计过程中一定要根据内容的需要，合理地将各类元素按次序编排，使它们组成一个有机的整体，展现给广大的观众。在设计时可以依据如下几条原则。

● 根据网页主题内容确定版面结构。
● 有共性，才有统一；有细节区别，就有层次，做到主次分明，中心突出。
● 防止设计与实现过程中的偏差，不要定死具体要放多少条信息。
● 设计的部分要配合整体风格，不仅页面上各项设计要统一，而且网站的各级别页面也要统一。
● 页面要"透气"，就是信息不要太过集中，以免文字编排太紧密，可适当留一些空白。但要根据平面设计原理进行设计，如分栏式结构就不宜留白。

- 图文并茂，相得益彰。注重文字和图片的互补视觉关系，相互衬托，增加页面的活跃性。
- 充分利用线条和形状，增强页面的艺术魅力。
- 要考虑到浏览器上部占用的屏幕空间，防止图片截断等影响视觉效果。

在设计网页时，要依据平面设计的基本原理，巧妙安排构成要素，进行页面形式结构的设计，要求主题鲜明、布局合理、图文并茂、色彩和谐统一，并能够体现独创性和艺术性。

案例49　运动网页界面设计

教学视频

本案例的目的是让读者了解在CorelDRAW中使用各个工具和命令相结合制作运动网页界面的方法。图12-9为运动网页界面制作流程图。

图12-9　制作流程图

案例 重点
- 使用矩形工具
- 使用形状工具
- 色调/饱和度/亮度
- 使用交互式填充工具
- 使用透明度工具

案例 步骤

制作背景

01 → 执行菜单中的"文件">"新建"命令，新建一个空白文档。使用□(矩形工具)在文档中绘制一个"宽度"为352mm、"高度"为230mm的矩形，如图12-10所示。

02 → 在工具箱中选择◇(交互式填充工具)，打开"编辑填充"对话框，设置其中的参数，如图12-11所示。

03 → 设置完毕后单击OK按钮，右击⊠(无填充)色块取消矩形的轮廓，此时渐变背景制作完毕，效果如图12-12所示。

图12-10 绘制矩形

图12-11 "编辑填充"对话框

从左向右的颜色依次为(C:100 M:87 Y:59 K34)、(C:75 M:28 Y:35 K0)、(C:0 M:0 Y:0 K0)

制作人物与背景混合

01 → 导入附赠资源中的"素材\第12章\跳高人物"素材，移动至背景上，如图12-13所示。

图12-12 填充渐变颜色

02 → 选择▦(透明度工具)，设置"透明度类型"为"均匀透明度"、"合并模式"为"乘"、"透明度"为0，效果如图12-14所示。

图12-13 导入素材

图12-14 设置透明度

制作修饰与合成文字

01 → 使用☑(贝塞尔工具)结合⬚(形状工具)在背景中上部绘制曲线，如图12-15所示。

02 → 在"颜色"泊坞窗中单击青色色块，为曲线填充青色，取消轮廓，如图12-16所示。

图12-15 绘制曲线　　　　　　　　　　图12-16 填充并取消轮廓

03 → 在右上角输入文字，字体选择"微软雅黑"，效果如图12-17所示。

04 → 使用 (形状工具)选择中间的sports，执行菜单中的"对象">"转换为曲线"命令，效果如图12-18所示。

图12-17 输入文字　　　　　　　　　图12-18 转换为曲线

05 → 使用 (形状工具)框选字母p下面的两个节点，向下按方向键，将其拉长，效果如图12-19所示。

图12-19 拉长文字

06 → 使用 (形状工具)框选字母t上面的两个节点，向上按方向键，将其拉长，效果如图12-20所示。

图12-20 拉长文字

07 → 选择文字并进行位置上的相应调整，效果如图12-21所示。

08 → 导入附赠资源中的"素材\第12章\运动人物1、运动人物2、运动人物3"素材，移动至背景上，如图12-22所示。

图12-21　调整位置

图12-22　导入素材

09 → 将导入的素材选中后移动至相应位置，效果如图12-23所示。

10 → 再次导入"打篮球"素材，移动至相应位置，效果如图12-24所示。

图12-23　移动素材

图12-24　导入素材

11 → 执行菜单中的"效果">"调整">"色调/饱和度/亮度"命令，打开"色调/饱和度/亮度"对话框，设置其中的参数，如图12-25所示。

12 → 设置完毕后单击OK按钮，效果如图12-26所示。

图12-25　"色调/饱和度/亮度"对话框

图12-26　调整色度效果

13 → 选择▨(透明度工具)，设置"透明度类型"为"均匀透明度"、"合并模式"为"乘"、"透明度"为0，此时修饰语合成文字部分制作完毕，效果如图12-27所示。

输入文字

使用▨(文本工具)在背景处相应位置上输入文字，至此本例制作完毕，最终效果如图12-28所示。

图12-27　混合透明

图12-28　最终效果

案例50　儿童网页界面设计

教学视频

本案例的目的是让读者了解在CorelDRAW中使用各个工具和命令相结合制作儿童网页界面的方法。图12-29为儿童网页界面制作流程图。

图12-29　制作流程图

案例　重点

● 使用阴影工具　　　● 使用透明度工具　　　● 绘制圆角矩形

案例　步骤

制作背景

01 → 执行菜单中的"文件">"新建"命令，新建一个空白文档。导入附赠资源中的"素材\第12章\网页背景"素材，将其作为网页的背景，如图12-30所示。

02 → 使用▢(矩形工具)在背景上绘制一个与背景宽度一致的矩形，将其填充为黑色，如图12-31所示。

03 → 使用▩(透明度工具)从上向下拖动创建渐变透明，至此背景制作完成，效果如图12-32所示。

图12-30　导入素材

图12-31　绘制黑色矩形

图12-32　渐变透明

制作Logo、导航与阳光教育部分

01 → 导入附赠资源中的"素材\第12章\Logo"素材，将其移动至左上角，如图12-33所示。

02 → 使用▢(矩形工具)绘制矩形并填充为白色，设置圆角值为10，效果如图12-34所示。

03 → 绘制下面的圆角矩形，使用◯(多边形工具)绘制两个白色三角形，效果如图12-35所示。

04 → 使用◯(椭圆形工具)绘制一个红色的圆形，然后再导入"阳光教育"素材，移动至Logo下面，效果如图12-36所示。

图12-33　导入素材

图12-34　绘制圆角矩形

图12-35　绘制三角形

图12-36 绘制红色正圆移入素材

05 → 使用字(文本工具)在导航上输入文字，完成此部分的制作，效果如图12-37所示。

制作内容1部分

01 → 按住Ctrl键，使用◯(椭圆形工具)绘制一个正圆，效果如图12-38所示。

图12-37 效果

图12-38 绘制正圆

02 → 选择▨(透明度工具)，设置"透明度类型"为"均匀透明度"、"合并模式"为"常规"、"透明度"为62，效果如图12-39所示。

03 → 绘制一个白色正圆轮廓，设置"轮廓宽度"为1.5mm，效果如图12-40所示。

图12-39 调整透明

图12-40 正圆轮廓

04 → 使用▢(阴影工具)在白色正圆轮廓上向右下角拖动创建一个灰色阴影，效果如图12-41所示。

05 → 导入"小人01""小人02"和"水晶按钮"素材，将其移动至相应位置，效果如图12-42所示。

图12-41 阴影

图12-42 导入素材

06 → 输入与之对应的文字，完成内容1部分的制作，效果如图12-43所示。

制作内容2部分

01 → 使用□(矩形工具)在背景上绘制一个矩形并填充白色，设置圆角值为5，效果如图12-44所示。

图12-43　完成内容1制作

图12-44　绘制圆角矩形

02 → 使用与制作正圆同样的方法制作阴影、透明效果，如图12-45所示。

03 → 在内容2处输入与之对应的文字，完成内容2部分的制作，效果如图12-46所示。

图12-45　内容2外框

图12-46　内容2

制作底部说明部分

01 → 绘制一个矩形，选择▨(透明度工具)，设置"透明度类型"为"均匀透明度"、"合并模式"为"常规"、"透明度"为62，效果如图12-47所示。

02 → 导入"下拉列表"和"信封"素材，移动至相应位置，复制Logo并移动至背景下面，效果如图12-48所示。

图12-47　透明矩形

图12-48　导入素材

03 → 使用 字(文本工具)输入文字，至此本例制作完毕，最终效果如图12-49所示。

图12-49 最终效果

本章练习

1. 为自己制作一个个人网页。

2. 收集素材制作一个娱乐网页。

习题答案

第1章

1. A 2. B 3. B

第2章

1. B 2. A 3. D 4. C 5. B

第3章

1. D 2. D 3. D 4. B 5. C 6. C

第4章

1. B 2. B

第5章

1. D 2. D 3. B